"十三五"国家重点出版物出版规划项目

先进制造理论研究与工程技术系列

炸药动态力学行为与起爆特性

肖有才　王志军　著

哈尔滨工业大学出版社

内 容 简 介

本书通过理论分析、实验研究及数值模拟相结合方法对 PBX 炸药动态力学性能及起爆特性进行了详细的阐述。全书共分 8 章,第 1 章介绍了炸药动态力学性能测试方法、宏-细观模型、损伤模型以及起爆特性理论及现状;第 2 章基于霍普金森杆技术,系统研究了该类 PBX 炸药及其聚合物黏结剂的动态压缩、拉伸以及围压力学性能的测试;第 3 章建立了 PBX 炸药的宏观本构关系;第 4 章研究了 PBX 炸药动态力学行为的黏弹性细观力学问题,建立了 PBX 炸药的细观力学模型;第 5 章提出了 PBX 炸药冲击损伤观测和表征方法,对 PBX 炸药的宏-细观损伤进行研究;第 6 章建立了 PBX 炸药的损伤模型;第 7 章对 PBX 炸药冲击起爆特性进行了试验研究;第 8 章介绍了利用数值仿真技术研究 PBX 炸药冲击起爆特性。

本书可作为冲击动力学、爆炸冲击、弹药安全领域设计人员和研究人员的参考用书,也可供弹药工程等专业的高校教师、研究人员、研究生及工程技术人员参考。

图书在版编目(CIP)数据

炸药动态力学行为与起爆特性 / 肖有才,王志军著

. — 哈尔滨:哈尔滨工业大学出版社,2019.9(2024.6 重印)

ISBN 978-7-5603-8529-7

Ⅰ. ①炸… Ⅱ. ①肖… ②王… Ⅲ. ①炸药性能-力学性质-研究②起爆(炸药)-研究 Ⅳ.①TQ560.71 ②TB41

中国版本图书馆 CIP 数据核字(2019)第 222449 号

策划编辑　王桂芝
责任编辑　李长波　谢晓彤
出版发行　哈尔滨工业大学出版社
社　　址　哈尔滨市南岗区复华四道街 10 号　邮编 150006
传　　真　0451-86414749
网　　址　http://hitpress.hit.edu.cn
印　　刷　辽宁新华印务有限公司
开　　本　720 mm×1 000 mm　1/16　印张 11.25　字数 264 千字
版　　次　2019 年 9 月第 1 版　2024 年 6 月第 2 次印刷
书　　号　ISBN 978-7-5603-8529-7
定　　价　78.00 元

前　言

炸药广泛地应用于国防、航天等工程领域，如武器弹药、火箭推进剂等，是国民经济建设中最重要的高功率能源。在运输、制造和发射等过程中，因为炸药均处于不同加载速率、应力状态和温度环境下，并且会产生孔洞或微裂纹等各种形式的损伤，所以炸药的抗过载特性决定了炸药的安定性。另外，这些损伤一方面使炸药的力学性能劣化，另一方面影响了炸药的感度、燃烧甚至爆炸的性质，是炸药发生起爆的源头，严重影响了武器弹药的安全性和可靠性。随着炸药在军民领域应用不断深入和日益广泛，对炸药安全性也提出了更高的要求，对炸药动态力学行为与起爆特性的研究也因此不断深入。

近年来，本书作者在国家自然科学基金（11802273）、国防科工局基础科研重点项目（JCKY2019602C015）、国防重点实验室基金（6142601180404）、哈工大/中国航天科技集团联合创新基金（CASA-HIT12-1A02）、山西省应用基础青年基金项目（209010211279）以及山西省优势学科攀升计划的资助下，开展了炸药动态力学行为、冲击损伤及点火起爆机理等研究。国内外越来越多的研究人员致力于这方面的研究工作，并不时有一些新的研究成果报道。本书介绍了作者近年来在炸药动态力学性能与起爆特性研究的初步成果，可以帮助相关的研究人员和技术人员尽快了解这方面的研究进展，以起到抛砖引玉的作用。

本书共分 7 章，第 1 章介绍了炸药动态力学性能测试方法、宏-细观模型、损伤模型以及起爆特性理论及现状；第 2 章基于霍普金森杆技术，系统研究了 PBX 炸药及其聚合物黏结剂的动态压缩和拉伸力学性能的测试，利用应力波传播理论对霍普金森实验技术的基本假设和测试过程中的应力均匀性和常应变率做了详尽的研究，研究了 PBX 炸药在围压下的动态力学响应，得到了该 PBX 炸药不同应变率下的多轴力学行为；第 3 章建立了 PBX 炸药的宏观本构关系，研究了不同温度下 PBX 炸药及其聚合物黏结剂的压缩和拉伸应力松弛模量曲线，利用时间-温度等效原理获得了 PBX 炸药的主松弛模量曲线，拟合得到了 PBX 炸药的松弛模量参数，利用数值模拟方法，验证了所建立的宏观本构关系的正确性；第 4 章研究了 PBX 炸药动态力学行为的黏弹性细观力学问题，建立了 PBX 炸药的细观力学模型；第 5 章提出了 PBX 炸药的冲击损伤观测和表征方法，对 PBX 炸药的宏-细观损伤进行了研究；第 6 章建立了 PBX 炸药的广义黏弹性统计损伤模型，采用 Abaqus 的用户自定义材料子程序（VUMAT）将上述模型集成到有限元软件中进行数值模拟，模拟了 PBX 炸药的 SHPB 动态压缩和冲击损伤实验，验证了所建立的损伤模型的有效性；第 7 章对 PBX 炸药冲击起爆特性进行了实验研究，并对拉式分析进行了说明。

特别感谢哈尔滨工业大学孙毅教授，中北大学王志军教授，中国船舶集团 713 研究所赵慧平、张宏和陈延伟研究员的悉心指导，以及对本书一些研究工作所做的贡献。李晓、赵宏达博士也为本书提供了许多资料。此外，本书的内容参考了一些国内外的文献，在此对文献作者表示衷心感谢。本书也献给我出生 4 个月的孩子肖茗哲宝贝，祝他健康快乐。

由于作者水平有限，疏漏和不足之处在所难免，敬请读者批评指正。

作　者
2019 年 3 月

目　　录

第1章 绪　　论

1.1 引　　言

高聚物黏结炸药（Polymer Bonded Explosive，PBX）是一种颗粒增强型复合材料，由含能颗粒和聚合物黏结剂组成。聚合物黏结剂包含黏结剂、金属添加剂和其他附加成分。常见的含能颗粒有奥克特金（HMX）、黑索金（RDX）等；黏结剂有丁二烯聚合物（HTPB）等；金属添加剂有铝粉、镁粉等。由于 PBX 炸药的配方设计方法是钻地弹（又称侵彻战斗部）研制的核心关键技术之一，国外高度保密，所以必须通过自主研发获得。PBX 炸药的过载安定性主要通过炮射实验及火箭橇实验来考核，虽然其可靠性较高，但存在实验周期长、实验成本昂贵等缺点，给 PBX 炸药的研制带来了较大的难度。目前，国内虽然建立了一些实验模拟手段，但存在实验结果可比性较差等问题。通过采用理论分析、实验测试、数值模拟等方法研究侵彻战斗部用 PBX 炸药过载安定性的影响因素，进而优化 PBX 炸药装药性能及结构，可以显著降低过载实验的工作量，极大地降低实验及研制成本，加速侵彻战斗部用 PBX 炸药的研制进程。因此，开展 PBX 炸药动态力学性能与起爆特性的研究是非常必要的。

目前 PBX 炸药的种类很多，并没有统一的分类标准，美国洛斯阿拉莫斯国家实验室（Los Alamos Natinoal Laboratory，LANL）[1-4]根据黏结剂的质量分数将 PBX 炸药分为高黏结剂和低黏结剂两类。低黏结剂 PBX 炸药的黏结剂的质量分数小于10%，型号主要有 PBX9501、EDC-37、LX-07 及 LX-14 等；高黏结剂 PBX 炸药的黏结剂的质量分数大于 10%，型号主要有 PBXN-109、LX-04 等[4]。国内根据装药工艺，主要可分为压装、浇铸等。低黏结剂 PBX 炸药通常都是经过压装工艺生产的，颗粒含量高，主要优点是爆轰性能优良、工艺简单、生产快等。但是压装 PBX 炸药内部存在大量微裂纹和微孔洞等各种形式的损伤，这些微观损伤影响了 PBX 炸药的感度、燃烧甚至爆炸的性质，降低了炸药的安全性能。浇铸 PBX 炸药属于一种新型注装药[5,6]，比较典型的型号有美国的 PBXC 系列、PBXN 系列（PBXN-110）及 PBXW 系列等[7,8]。高黏结剂 PBX 炸药通常通过浇铸生产，工艺比较复杂，但是该类 PBX 炸药有良好的弹性和韧性，能够抵抗较大的冲击载荷，不易产生脆性断裂，而且在浇铸过程中不易形成微孔洞和微裂纹，因此增加了药柱在恶劣环境下的可靠性，提高了炸药的安全性，并且能够根据壳体的内部结构浇铸成不同的形状，与壳体内部完全黏结，两者之间没有相对旋转，改善了飞行弹道的性能。因此，高黏结剂 PBX 炸药是一种力学性能优良、极适用于核武器和导弹战斗部装填的新药，得到了广泛的应用，本书以高黏结剂 PBX 炸药为研究对象。

PBX 炸药作为武器战斗部装药中的核心部件，在生产、运输和储存等过程中，内部装药处于复杂的应力环境，这些受力过程包括压缩、拉伸、剪切和摩擦等，这种复杂的应力环境可能提供热点起爆的热能，导致装药意外爆炸。在侵彻过程中，由于钻地弹的主要目标为强度较高的岩石、混凝土等，内部装药在短时间内承受很强的冲击载荷，严重影响着武器的安定性，直接关系到内部装药能否过渡到侵彻阶段。所以，开展 PBX 炸药的动态力学性能研究是深入研究含能材料安全性、进行武器装药安全性评估的基础。

PBX 炸药在使用过程中会产生一定的损伤，例如孔洞和微裂纹等，这些损伤不仅使 PBX 炸药的力学性能劣化，还可能最终导致结构的破坏。另外，含能材料中损伤的存在会使装药结构的强度和刚度下降，这些损伤在载荷、温度等的作用下进一步生长、聚合，从而影响 PBX 炸药的感度、燃烧甚至爆炸性质。其中，后者将直接关系到含能材料作用的发挥，影响高能武器的作战威力。因此，研究 PBX 炸药的冲击损伤行为对于指导 PBX 炸药的配方和结构设计以及安全性评估和寿命预测具有重要的意义。

PBX 炸药用于钻地弹内部装药时，在工作中必然会受到弹头传来的强烈的冲击波作用。由于该炸药的不均匀性，炸药内部的颗粒、空穴和杂质等会受到摩擦或压缩等外界作用，从而在 PBX 炸药内部形成热点，热点的形成直接影响到武器的可靠性，例如钻地弹未达到侵彻深度内部装药就在冲击波的作用下发生点火起爆，从而达不到预先的毁伤效果，因此对 PBX 炸药点火起爆机理的研究具有重要的实际意义。

1.2 PBX 炸药动态力学性能研究概述

1.2.1 霍普金森杆技术的发展

1872 年，J. Hopkinson 研究了波在铁丝中的传播理论，他将铁丝的一端固定，另一端施加一个冲击载荷，通过改变铁块的质量和速度来改变加载条件，研究不同加载条件下铁丝的强度，同时观测铁丝是由反射波在固定端拉断，还是由入射波在加载端直接拉断。研究表明，反射波拉断铁丝所需的铁块质量是直接拉断的一半。

1914 年，B. Hopkinson[9]设计了一个实验装置，如图 1.1 所示，利用弹性杆中应力波的传播来测量动态过程中的压力脉冲，通过不同长度的吸能飞片来研究应力波在杆中传播的形状与演化过程，这也是现在使用的霍普金森杆的起源。

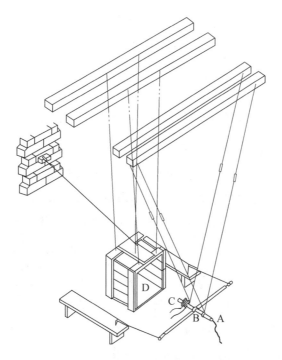

图 1.1 Hopkinson 原始装置[9]

1948 年，Davies 对该技术做了大量的研究[10]，使得霍普金森杆实验技术取得了关键性的进步。他主要有两个贡献：一是采用平板及柱形电容器同时测量霍普金森压杆中轴向和径向应变的方法；二是研究了应力波在杆中传播的弥散效应，并且分析了其对实验结果的影响。图 1.2 所示为 Davies 提出的实验测试装置简图。

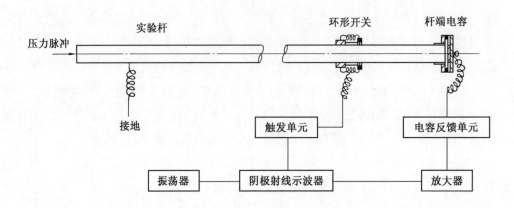

图 1.2 Davies 提出的实验测试装置简图[10]

Davies 讨论了无限杆中正弦纵波传播的弥散效应，在简单近似的情况下，正弦波的波速与波长无关，通过公式 $c_0 = \sqrt{\dfrac{E}{\rho}}$ 计算（其中，c_0 近似表示杆中的弹性波波速；E 为杆的弹性模量；ρ 为杆的密度）。而根据 Pochhammer 和 Chree 的理论，波速 c 由杆的半径 a、波长 λ、c_0 和泊松比 υ 共同决定。事实上，c/c_0 是 υ 和 a/λ 的函数。任意一个从 $x=0$ 开始的扰动都能进行傅里叶（Fourier）变换，随着扰动沿着杆轴向向前传播，产生的各个分量的相位发生变化，最终导致波形的弥散。一般假设杆的截面上轴向应力应变的分布是均匀的，径向应力为 0，截面上的径向位移为 $\dfrac{\upsilon \sigma r}{E}$，是一种简单的线性关系，其中 r 为距轴中心的距离。但事实上，在杆截面上轴向应力和位移分布并不均匀，径向应力也不为 0，且径向位移并非简单的线性关系。

Davies 还应用贝塞尔（Bessel）方程讨论了杆中正弦波的相速度 c_p 和群速度 c_g，求解贝塞尔方程可以得到 c/c_0 与 υ 及 a/λ 的关系

$$\begin{cases} \dfrac{c_p}{c_0} = 1 - \upsilon^2 \bar{n}^2 \left(\dfrac{a}{\lambda}\right)^2 \\ \dfrac{c_g}{c_0} = 1 - 3\upsilon^2 \bar{n}^2 \left(\dfrac{a}{\lambda}\right)^2 \end{cases} \tag{1.1}$$

当 $a/\lambda=0$ 时，c/c_0 趋于恒定值。

如图 1.3 所示，曲线 ①（a）给出了 c_p 和 c_0 的比值与 a/λ 的变化关系，曲线①～③分别为第 1～3 模数振动传播速度随着 a/λ 的变化，为了有相关的参考，在图中列出了 c_1/c_0、c_2/c_0 和 c_3/c_0，其中 c_1、c_2 和 c_3 分别为膨胀波、扭转波和瑞利（Rayleigh）表面波在无限介质中的波速，并且

$$\begin{cases} \dfrac{c_1^2}{c_0^2} = \dfrac{1-\upsilon}{(1+\upsilon)(1-2\upsilon)} \\ \dfrac{c_2^2}{c_0^2} = \dfrac{1}{2(1+\upsilon)} \end{cases} \tag{1.2}$$

因为 $\lambda=cT$，$a/\lambda=a/(cT)$，也就是说，a/λ 等于一个拉伸波通过杆径所需要的时间除以波的周期。进一步，$ac/(\lambda c_0)=a/(\lambda c_0)$，即如果杆的材料不变，半径增加 k 倍，波的周期也增加同样的倍数，则 a/λ 和 c/c_0 保持不变，$ac/(\lambda c_0)$ 仅仅是 υ 和 a/λ 的函数。假定泊松比 $\upsilon=0.29$，根据 Bancroft 给出的技术方法，取前三种模态，即为图 1.3 所示中曲线①～③。在 B. Hopkinson 进行的实验条件下，对第二模态和第三模态影响不会太大，主要的影响是第一模态。当波长较长（a/λ 趋于 0）时，相速度趋于杆的波速；当波长较短（a/λ 趋于 ∞）时，相速度趋于瑞利表面波波速。若一个简谐波的相速度与它的波速相关，波形发生弥散，根据傅里叶变换，由于撞击产生的脉冲波形可以看成各种不同频率波的叠加，通常波的上升段包含一个高频分量，而在传播过程中高频分量传播速度较低，所以波的上升沿会被拉宽。

1949 年，Kolsky[11]建立了分离式霍普金森压杆（Split Hopkinson Pressure Bar，SHPB）。Kolsky 提出了 SHPB 实验的两个基本假设：一是一维应力波假设；二是应力均匀性假设。一维应力波假设是指平面应力波在圆柱杆中传播时没有弥散现象，应力脉冲宽度远大于杆的直径，应力波在杆中传播的速度约等于杆中弹性波波速

$\left(c_0 = \sqrt{\dfrac{E}{\rho}}\right)$。应力均匀性假设是指试件轴向应力和应变在每个横截面上都是均匀的，且没有径向位移产生，在实际问题中，径向应力是沿杆半径线性分布的，只有细长杆时，这个假设才成立。Kolsky 在以上两个基本假设下，推导出了 SHPB 实验中试件中应力、应变和应变率的计算公式。Kolsky 发明的 SHPB 实验最大的特点是试件中的应力-应变处于动态平衡，这对于得到试件在不同应变率下轴向应力-应变关系至关重要。根据该技术可以研究不同材料的动态力学行为，建立材料的一维应力本构关系。

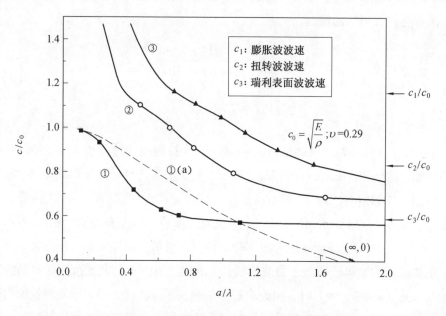

图 1.3　相速度 c_p 随 a/λ 的变化关系[10]

由于 SHPB 实验装置具有结构简单、操作方便、测量方法精巧等特点，被广泛地应用于各个领域，例如金属、混泥土等材料[12]。20 世纪 90 年代后，人们扩展了这项实验技术，将 SHPB 实验技术应用于软材料的动态压缩实验中[13-18]。对于软材料，Chen 等[13, 19]开展了大量具有代表性的工作，通过杆中嵌入石英压电晶、透射杆做成空心杆、透射杆采用低模量材料（例如，PC 杆、低密度泡沫杆等[20]）等方法，获取透射杆中的压力信号，得到具有较高信噪比的透射信号，这也是目前解决透射波信号的问题最好的方法。

SHPB 实验广泛应用之后，人们在 Kolsky 思想的基础上对霍普金森杆设备及技术进行了各种研究与改造。其中比较重要、应用较广的改造技术有分离式霍普金森拉杆（Split Hopkinson Tensile Bar，SHTB）[21-26]。SHTB 动态拉伸与 SHPB 动态压缩实验的基本原理相同，都是建立在两个基本假设的基础上。SHTB 动态拉伸实验广泛地应用于各种工程材料动态拉伸力学性能的测试中，例如，Song 等[27, 28]研究了软材料的动态拉伸力学性能的测试方法；Chen 等[29]研究了 SHTB 动态拉伸实验中试件形状及尺寸的设计方法。

在理想的霍普金森杆实验中，试件处于应力均匀性状态，并且获得了常应变率加载，从而得到试件轴向应力-应变曲线上的各点都是有效数据点。但是在实际操作中这是不可实现的，因为应力波到达试件表面刚开始时，试件并非处于应力均匀性状态，透射到试件中的应力波在试件两个端面经过多次反射以后，试件才有可能进入应力均匀性状态。传统的霍普金森杆实验中应力均匀性和常应变率加载并不是自动达到的，因此必须设计入射波的形状，使得试件尽早得到应力均匀性，并且获得一个常应变率加载。这种修正常规霍普金森压杆以满足以上两点要求的技术称为"脉冲整形技术"[30~32]。

Duffy 等[33]提出应用于霍普金森实验中的入射波整形思想，采用脉冲整形器技术来光滑爆炸加载所产生的脉冲。而 Christensen 等[34]基于霍普金森压杆技术，通过利用脉冲整形技术以改善和提高岩石轴向应力-应变曲线初始部分的精度和有效性。通过大量研究岩石的动态力学行为，他们发现理想的入射波应该是斜波的梯形波而不是矩形波。此后，还有大量的脉冲整形技术应用于其他材料，例如脆性材料[35]、聚合物[36]和复合材料[37]等。

肖有才等[38-44]基于霍普金森杆技术，系统研究了该类 PBX 炸药及其聚合物黏结剂的动态压缩和拉伸力学性能的测试，为了得到合理的 PBX 炸药的动态压缩和拉伸力学性能，利用应力波传播理论对霍普金森实验技术的基本假设和测试过程中的应力均匀性及常应变率做了详尽的研究，得到合理的试件厚度和适合于该类炸药材料的整形器，获得了该 PBX 炸药的动态压缩和拉伸力学行为。结果表明，随着应变率的增加，PBX 炸药的强度逐渐增强。此外，肖有才等还采用铝套筒和 PBX 炸药，应用 SHPB 被动围压实验方法，研究了 PBX 炸药在围压下的动态力学响应，得到了该PBX 炸药不同应变率下的多轴力学行为。结果表明，随着应变率的增加，该 PBX 炸药试样轴向应力和围压应力均提高,围压状态下 PBX 炸药承受的应力远高于无围压状态,变形由韧性向塑性转变,试样未发生明显的破坏。

1.2.2 PBX 炸药宏观本构关系的研究现状

美国洛斯阿拉莫斯国家实验室(LANL)的研究者[42,43]做了许多关于 PBX 炸药动态力学性能的研究,发现 PBX 炸药的动态压缩力学性能依赖于应变率和温度,随着应变率的增加或者温度的下降,PBX 炸药的压缩强度增加。PBX9501 是目前使用和研究最为广泛的聚合物炸药,研究结果表明,在高应变下 PBX9501 弹性变形达到最大应力后会产生塑性流动,PBX9501 是一种黏弹塑性材料。Gray 等研究了PBX9501 在高应变率下的损伤形式,在不同应变率下 PBX9501 达到损伤的应变几乎不变,为 1%～3%,发现 PBX9501 的主要损伤模式是横向穿晶断裂和晶粒开裂,实际上这些损伤将增加 PBX9501 炸药的撞击感度。图 1.4 所示为常见压装 PBX9501的应力-应变曲线。Browning 等[44,45]分析了 PBX9501 的高应变率下应力-应变曲线和蠕变实验结果,根据 PBX9501 的力学行为特性,建立了一个黏弹-塑性本构模型。Schapery 等[46-48]研究了 PBX9501 的力学性能,导出了一个含损伤的黏弹-塑性本构模型。

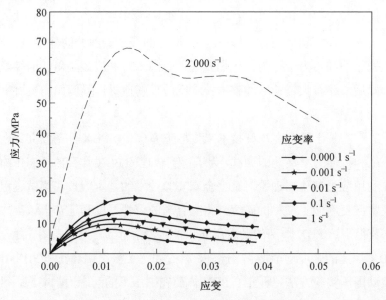

图 1.4　PBX9501 的应力-应变曲线[49]

Williamson 等[50]研究了一种 EDC37 炸药的压缩力学性能，实验结果表明，该炸药的压缩强度随着温度的降低或应变率的增加而增加，EDC37 炸药的应力松弛主要受到聚合物黏结剂的影响。Thompson 等[51]研究了一种高性能固体推进剂的拉伸力学性能及其断裂模式。Drodge 等[52]基于 SHPB 动态压缩实验装置，研究了 PBX 炸药及其聚合物黏结剂在 2 000 s^{-1} 应变率下的温度对其动态压缩力学性能的影响，实验表明，降低温度会使 PBX 炸药及其聚合物黏结剂的屈服应力单调增加，PBX 炸药的损伤机制主要是从剪切带形成的基体与颗粒"脱湿"到颗粒的脆性损伤断裂。Blumenthal 等基于 SHPB 动态压缩实验研究了 PBXN-110 及其黏结剂在温度为-55～20 ℃和应变率为 10^{-3}～2 000 s^{-1} 下的压缩强度，PBXN-110 是一种高黏结炸药，含有 88%的 HMX 和 12%的 HTPB-based 黏合剂。通过比较 PBXN-110 与其黏结剂分别对温度和应变率的相关性，发现 PBXN-110 对温度和应变率的相关性的主要原因是含有大量的聚合物黏结剂。实验结果表明，随着应变率的增加和温度的降低，炸药的应力峰值逐渐增加，应力峰值过后由于损伤累积炸药失去承载能力，应力强度逐渐下降。

近年来，国内对 PBX 炸药的宏观本构关系的研究也开展了大量的工作，罗景润[53]采用一个修正的 Ramberg-Osgood 本构关系来描述 PBX 炸药的拉伸及压缩力学行为，其形式为

$$\frac{\varepsilon}{\varepsilon_0} = \frac{\sigma}{\sigma_0} + A\left(\frac{\sigma}{\sigma_0}\right)^m \tag{1.3}$$

式中，A、m 为材料常数；σ_0、ε_0 分别为应力-应变关系线弹性段某处的应力和应变，其比值为材料的弹性模量 E。该本构关系能够表征某 PBX 炸药准静态拉伸或者压缩载荷下应力-应变关系，因此该模型在 PBX 炸药的力学行为分析中得到了较多的应用，但是这一模型并没有反映 PBX 炸药的温度和应变率效应。

Johnson 和 Cook 于 1983 年提出 Johnson-Cook 模型，主要用于金属大变形、高应变率和高温度情况下的本构关系，该模型在一般的冲击动力学中研究并且得到了广泛的应用。

为了考虑应变率的影响，赵玉刚等[54]和陈荣[55]采用了 Johnson-Cook 模型描述低黏结剂 PBX 炸药的力学行为，该模型的表达式为

$$\sigma = (A + B\varepsilon^n)\left(1 + C\ln\frac{\dot{\varepsilon}}{\dot{\varepsilon}_0}\right)(1 - \tilde{T}^m) \tag{1.4}$$

式中，A、B、n、C 和 m 均为材料常数；σ 和 ε 为等效塑性应力和应变；$\dfrac{\dot{\varepsilon}}{\dot{\varepsilon}_0}$ 为无量纲的等效塑性应变率（$\dot{\varepsilon}_0 = 1~\mathrm{s}^{-1}$）；$\tilde{T} = \dfrac{T - T_r}{T_m - T_r}$ 为材料实际温度，T_r 为室温，T_m 为材料的熔点。

另外，敬仕明[56]采用朱-王-唐（ZWT）本构模型研究低黏结剂 PBX 炸药在 $10^2\sim10^3~\mathrm{s}^{-1}$ 应变率下的应力-应变关系，该模型的表达式为

$$\sigma(t) = E_0\varepsilon(t) + \alpha\varepsilon^2(t) + \beta\varepsilon^3(t) + E_1\int_0^t \dot{\varepsilon}(\tau)\mathrm{e}^{-\frac{t-\tau}{\theta_1}}\mathrm{d}\tau + E_2\int_0^t \dot{\varepsilon}(\tau)\mathrm{e}^{-\frac{t-\tau}{\theta_2}}\mathrm{d}\tau \tag{1.5}$$

式中，E_0、α 和 β 为非线性弹性部分的材料参数；E_1 和 θ_1 为低频麦克斯韦单元的松弛模量和松弛时间；E_2 和 θ_2 为高频麦克斯韦单元的松弛模量和松弛时间。这个模型结构简单且使用方便，常用于 PBX 炸药动态、静态力学性能预测。

Wiegand 和 Reddinggius[57]研究了炸药分别在单轴和围压加载条件下的力学行为，研究表明，该材料在单轴加载下为脆性断裂，在有围压的条件下为塑性破坏。陈荣[55]研究了 PBX 炸药在被动围压下的动态力学行为，分析了试件与套筒的摩擦效应对实验结果的影响，研究表明，在套筒与试件之间加入润滑剂能够改善实验中摩擦力对实验结果的影响，随着应变率的增加，轴向、径向应力逐渐增加。蓝林钢等[58]研究了以 TATB 为基体的 PBX 炸药在被动围压条件下的动态力学行为，实验结果与 Wiegand 类似，材料在单轴加载下为脆性断裂，在有围压的条件下为塑性破坏。

肖有才等[59-62]建立了 PBX 炸药的宏观本构关系，研究了不同温度下 PBX 炸药及其聚合物黏结剂的压缩和拉伸应力松弛模量曲线，利用时间-温度等效原理得到了 PBX 炸药的主松弛模量曲线，拟合得到了 PBX 炸药的松弛模量参数，利用数值模拟方法，验证了所建立的宏观本构关系的正确性。结果表明，广义麦克斯韦模型适合预测高黏结剂 PBX 炸药的动态力学行为，不同应变率对应不同频率的麦克斯韦单元，在高应变率下主要是高频麦克斯韦单元响应。

1.2.3 PBX 炸药细观本构关系的研究现状

从细观结构上看，PBX 炸药是一种高填充比颗粒增强黏弹性复合材料，其中基体材料为聚合物黏结剂材料，具有黏弹性行为，其力学性能强烈地依赖于应变率和温度；另一部分则是含能颗粒，其黏滞性很小，具有弹性行为，变形很小，而模量远高于基体，对 PBX 炸药的力学性能起到增强的作用。

细观力学方法主要应用于复合材料的刚度预报，目前来说，比较成熟的理论有 Eshelby 等效夹杂理论[63, 64]、自洽模型、Mori-Tanaka 模型、广义自洽理论[65]和微分法[66]等。Eshelby 等效夹杂理论适合夹杂含量分布较低的情况[63, 64]。Hershey[67]和 Kroner[68]先后提出了自洽方法，他们认为可以把单晶体看作是嵌入到无限大多晶体中的一个夹杂，并且利用 Eshelby 等效方法以及相应的取向平均推导出了一个隐式表达式，能够求出单晶与多晶体力学性能之间的关系。Hill[69]采用自洽方法研究夹杂体积含量较高的复合材料的等效模量，有效体积剪切模量在 Hashin 和 Shtrikman[70]的上、下限之间。Budiansky[71]根据 Eshelby 的结果导出了含球夹杂多相复合材料的剪切、体积模量及泊松比之间的三个耦合方程，成功将自洽模型推广到多相复合材料等效模量预测中。Mori 和 Tanaka[72]考虑不同夹杂间的相互作用，提出可得到等效模量的显式表达。Mori-Tanaka 方法的概念明晰、运算简单，同时考虑到了复合材料夹杂相之间的相互影响，近年来受到了广泛的关注。

Weng 及合作者[73-84]研究了黏弹性复合材料的细观力学模型，分析了颗粒形状、颗粒含量及载荷频率变化对材料有效刚度的影响。随着有限元技术及其相关软件的发展，有限元已经成为一种数值分析的强有力手段。Clements 和 Mas[85-87]针对某些颗粒增强复合材料（PBX9501）中大小颗粒呈现双峰分布的特点，采用有限元单胞与 Eshelby-Mori-Tanaka 细观力学方法结合，使小颗粒包含在单胞内基体的材料本构关系中，然后根据颗粒在宏观材料中呈现随机方向分布这一特点，将颗粒的材料属性近似为各项同性，并且对不同加载速率与不同温度下的计算结果与实验结果进行对比，结果显示，这一"杂交"的模型在宏观材料属性上能够较好地与实验结果吻合。Tan 和 Huang[88]利用 Mori-Tanaka 模型研究 PBX 炸药基体与颗粒之间的非线性界面交互本构关系，发现颗粒尺寸对 PBX 炸药的力学行为有很重要的影响。另外一些研究者[89, 90]在他们的研究中，首先使用均匀化理论计算出单胞位置的平均应力和应变，然后根据这些平均值确定适合的单胞尺寸，分析出界面脱粘等损伤形式。

由于 PBX 炸药为颗粒增强型复合材料，目前的模型一般只能描述炸药破坏前的应力上升阶段，不能预测破坏点及破坏后的卸载行为。并且这些模型大多是唯象模型，难以反映变形的物理背景和材料内部的细、微观结构层次上的形态与变化，从材料的内部结构无法分析材料的变形和破坏机理，而细观力学可能是沟通材料的微结构演化与材料宏观性能的桥梁。

1.3　PBX 炸药冲击损伤模型的研究概述

1.3.1　PBX 炸药损伤的实验研究及观测方法

PBX 炸药的损伤包括合成、成型及其加工过程中产生的初始损伤和以后使用中产生的损伤。研究 PBX 炸药的损伤首先需要对 PBX 炸药在不同条件下的细观结构特征及演化进行表征，分析 PBX 炸药损伤机理和损伤演化特征[91]。

受合成和结晶过程等的影响，在炸药晶体内部会产生空穴及气泡等初始缺陷。由于低黏结剂 PBX 炸药含能颗粒含量很高，颗粒之间发生直接接触，接触效应会产生应力集中，因此在成型后会有包含裂纹或者孔洞等多种形式的损伤，有些损伤在成型前就存在，有些损伤是成型后形成的。PBX 炸药在压装成型过程中压装力高达几百兆帕，热压时还有温度作用，因此在压制过程中可能会产生塑性变形、炸药颗粒断裂以及炸药与黏结剂界面脱粘等问题。

含能材料的损伤不仅会降低爆炸及其力学性能，而且会增加它们的敏感性影响、冲击点火、燃烧甚至爆炸行为。PBX 炸药在不同的载荷和环境下会产生不同形式的损伤，其在冲击载荷下的损伤研究尤为重要，这方面的研究也开展了很多。Palmer 等[92]对一种低黏结剂 PBX 炸药进行了巴西圆盘实验，并且实时观察试件的细观结构，观察到该类 PBX 炸药的多种损伤形式主要包含颗粒断裂、界面脱粘、黏结剂开裂、变形孪生及剪切带等。Green 等用弹丸对试件进行第一次冲击损伤后，随机进行了第二次冲击损伤，由于在该实验中对试件没有进行径向约束，试件在第一次收到冲击损伤后就会产生较为严重的损伤。根据 Green 的实验设计，Sandusky 等设计先用弱冲击波进行冲击损伤，使试件受到轻微的损伤以后，立即进行再次冲击损伤。

Skidmore 等[93]对 PBX9501 进行了亚临界撞击实验，试件直径为 12.7 cm、长度为 1.27 cm，弹丸直径为 7.6 cm，撞击速度为 20～110 m/s。图 1.5 所示为 PBX9501 撞击后撞击面附近的损伤形貌，撞击方向是自上而下。撞击损伤后的 PBX9501 具有与燃烧冷却实验相似的细观损伤特征，可观察到熔化区、热影响区及未损伤区三个特征区域。熔化区能够观察到气泡状结构，表明炸药在撞击作用下发生了燃烧，撞击作用还使大的炸药颗粒发生了明显的破碎。在热影响区，观察不到结晶良好的柱状晶体，这一点与燃烧冷却实验不同。在撞击损伤试样中，能够观察到宽几十微米、长几十微米的裂纹，在裂纹的表面上有熔化的痕迹。

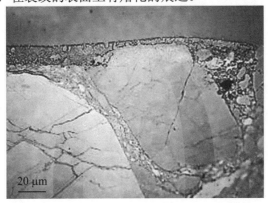

图 1.5 PBX9501 在动态测试中横截面的裂纹形貌[93]

剪切带对于炸药的热点形成机理非常重要，在这方面做已经了大量的研究。Skidmore 等基于轻气炮研究了 PBX 炸药在低速冲击下剪切带的形成。剪切冲击作用下一个主要的实验现象是炸药中形成一个楔形结构，楔形结构的产生主要是由于剪切力的作用。通过比较有化学反应和无化学反应时楔形结构的形貌，Skidmore 等认为，在剪切冲击作用下，首先形成楔形结构，然后发生化学反应，即楔形结构边界处产生的高剪切应变率激发了化学反应。Henson 等和 Peterson 等[94]也在研究炸药的剪切带时观察到了类似的实验现象。

Lecumer 等设计了实验装置对高黏结剂 PBX 炸药（黏结剂质量分数为 20%～30%）进行剪切和压缩联合冲击加载，对多种含 AP 和 RDX 的 PBX 炸药进行了研究。采用该实验装置可以产生长脉冲载荷，应力脉冲的峰值压力小于 1 GPa，脉冲时间为 1～2 ms，应变率为 1 000 s^{-1}。显微镜观察表明，在剪切和压缩联合冲击作用下，主要损伤形式为大颗粒的脱粘，裂纹主要沿着颗粒与黏结剂的界面和基体中扩张，但颗粒断裂很少发生。由于该类 PBX 炸药的黏结剂质量分数高，实验中没有观察到剪切带和变形孪晶。当子弹速度最够大时，可以观察到局部的化学反应，局部化学反应的发生使炸药颗粒的形状发生改变，形成锯齿或者圆形边界，图 1.6 所示为观察到局部的 RDX 颗粒的化学反应，形成了圆形边界。

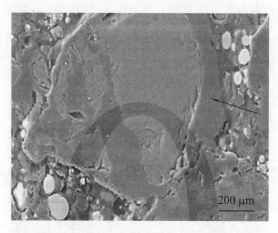

图 1.6　RDX 颗粒发生局部化学反应的形貌

Bescond 等利用超声波方法对固体推进剂拉伸过程的测量表明，损伤过程中的弹性常数随应变率的增加而降低，由于单向拉伸作用下形成的孔洞具有一定取向，材料性质表现出正交各向异性。在加载方向上弹性常数减小最大，而在其他方向上相对要小，损伤过程中弹性常数的变化具有明显的应变率相关性。Knollman 等[95, 96]也利用超声波方法研究了固体推进剂在拉伸和压缩条件下声衰减系数随应变的变化，他认为固体推进剂声衰减和声速的变化主要是颗粒脱粘产生的空穴引起的，并以此建立了相应的理论模型。英国剑桥大学 Rae 等[97, 98]利用一些光学技术研究了 PBX 炸药的损伤变形，例如云纹干涉、数字散斑实验等，用于定量地观测黏结剂或者颗粒的应变大小，并且基于霍普金森杆设计了巴西圆盘实验的动态加载装置。北京理工大学黄风雷和陈鹏万等[31, 99-101]设计了不同的冲击损伤加载装置并提出了大量的损伤模式观察方法，用于研究不同加载条件下 PBX 炸药的初始损伤和损伤演化方程，其中包括准静态拉伸、压缩和动态冲击等。同时，他们利用超声波表征 PBX 炸药在低速撞击下的损伤，实验发现，试件受到冲击损伤以后，超声波幅值和波形均发生了变化。通过对波形在反应损伤的有效波形进行 FFT 频谱分析，可以获得超声波的主频和波谱面积等特征参量，列出不同冲击条件下的超声测量结果，例如声速、声衰减系数、幅值和主频等，用于计算得到损伤度。

肖有才等[102]提出了 PBX 炸药冲击损伤观测和表征方法，基于一级轻气炮装置，利用单轴和三轴加载冲击对 PBX 炸药的宏-细观损伤进行研究，设计了一种可回收 PBX 炸药试件的三轴冲击加载装置，对照了单轴和三轴冲击加载条件下损伤形式和机制，结合 SEM 电子显微镜，分析了 PBX 炸药在单轴和三轴加载条件下的主要的损伤形式，进一步认识了 PBX 炸药的主要细观损伤机理。研究表明，在单轴冲击加载下，PBX 炸药的主要损伤形式为沿晶断裂和大颗粒破碎；在三轴冲击加载下，PBX 炸药的主要损伤形式为颗粒破碎、脱湿，以及微裂纹的扩展，随着冲击载荷的增加，PBX 炸药的裂纹半径变长。

1.3.2　PBX 炸药的损伤本构模型

PBX 炸药的损伤本构关系已有大量的研究，但是大多都集中于低黏结剂 PBX 炸药[46, 93, 103]。图 1.7 所示为 PBX 炸药在不同加载条件下常见的损伤模式，但是对 PBX 炸药细观损伤形式进行严格的理论分析是比较困难的：一方面，单相材料的力学性能还缺乏准确的认识，一般认为含能颗粒为弹脆性材料，黏结剂为黏弹性材料；另一方面，由于 PBX 炸药的组成和细观结构很复杂，其中含能颗粒的质量分数很高，黏结剂和颗粒填充量差别很大，这也给损伤机理的理论分析带来了困难。

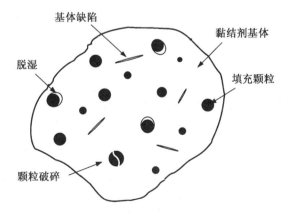

图 1.7　PBX 炸药在不同加载条件下常见的损伤模式

Gent 等[104]对颗粒填充复合材料损伤的研究表明，界面断裂表面能通常低于基体内聚破坏失效能至少两个量级，这样破坏一般可能发生在界面，当颗粒较大且有初始脱粘时，临界脱粘应力可以表示为

$$\sigma_d^2 = \frac{4\pi\gamma E_b}{3r} \tag{1.6}$$

式中，γ 为界面断裂表面能；E_b 为聚合物黏结剂的弹性模量；r 为颗粒半径。式（1.6）表明颗粒直径越大，越容易产生损伤。

由于实验上的困难，目前来说，PBX 炸药的界面损伤主要研究集中于数值模拟和理论分析方面。Tan 及其合作者[105]研究了 PBX9501 在紧凑拉伸实验中的界面损伤，利用数字图像处理技术得到试件在拉伸过程中宏观裂纹尖端的应力和应变场，并基于界面损伤效应的 Mori-Tanaka 方法，将宏观拉伸与细观界面脱粘联系起来，提出了界面脱湿损伤模型的三个阶段（图 1.8），依次为上升阶段、下降阶段和完全脱粘阶段。模型包括三个参数，分别为线性模量 k_σ、黏结强度 σ_{max} 和软化模量 $\tilde{k}_\sigma$，k_σ 和 $\tilde{k}_\sigma$ 分别为上升阶段和下降阶段的斜率。三个阶段中界面上的法向拉应力 σ^{int} 与张开位移 $[u_r]$ 的关系如下：

$$\begin{cases} \sigma^{int} = k_\sigma [u_r] & \left([u_r] < \dfrac{\sigma_{max}}{k_\sigma}\right) \\[2mm] \sigma^{int} = \left(1 + \dfrac{\tilde{k}_\sigma}{k_\sigma}\right)\sigma_{max} - \tilde{k}_\sigma [u_r] & \left(\dfrac{\sigma_{max}}{k_\sigma} < [u_r] < \sigma_{max}\left(\dfrac{1}{k_\sigma} + \dfrac{1}{\tilde{k}_\sigma}\right)\right) \\[2mm] \sigma^{int} = 0 & \left([u_r] > \sigma_{max}\left(\dfrac{1}{k_\sigma} + \dfrac{1}{\tilde{k}_\sigma}\right)\right) \end{cases} \tag{1.7}$$

对于 PBX9501，三个参数 k_σ、σ_{max} 和 $\tilde{k}_\sigma$ 分别为 1.55 GPa/μm、1.66 MPa 和 17 MPa/mm。Zhong 等[106]采用类似的细观损伤力学方法研究了固体推进剂的界面损伤。

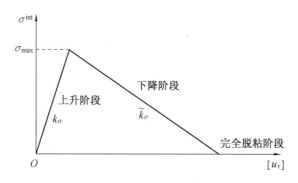

图 1.8 三阶段界面脱粘模型

Knollman 等[95, 96]利用超声波技术研究了固体推进剂的损伤演化模型，考虑到由于颗粒脱粘和随后的孔洞生长产生了累计损伤，建立了基于超声波测量的细观损伤模型，将超声波参量与细观损伤联系起来。Curran 和 Seaman 等[107]在脆性断裂方面开展了大量的研究，建立了动态拉伸断裂与破碎的微裂纹细观损伤模型，该模型最初用于岩石或者金属等脆性断裂，主要包括裂纹成核、生长、聚合及破碎，因为低黏结剂 PBX 炸药的损伤主要是脆性断裂，所以该模型逐渐应用于低黏结剂 PBX 炸药在冲击作用下的断裂和破碎模拟。Clancy 等建立了一个损伤本构关系，包含了一个黏弹性项和一个脆性断裂项，对 PBX9501 动态力学行为进行了模拟，从而可以研究材料的损伤和剪切带等的发展。

Zhou 等[108, 109]建立了 HTPB 复合固体推进剂的损伤本构关系，损伤演化方程由微裂纹的成核率和成长率得到，其中损伤变量是一个关于微裂纹尺寸和数密度的函数。Dinens 等[110-112]在研究脆性材料的断裂中提出了统计裂纹力学模型（Statistical Crack Mechanical Model，SCRAM），SCRAM 模型是基于微裂纹的细观损伤模型，它包含了微裂纹的开裂、剪切、生长和聚合等。在此基础上，Bennett 等[113, 114]提出了黏弹性统计微裂纹损伤模型（Visco-Statistical Crack Mechanical Model，Visco-SCRAM），考虑了闭合裂纹剪切作用下摩擦生热产生热点，可以对 PBX 炸药非冲击点火过程进行数值模拟。

周风华等[115]将损伤引入 ZWT 模型，损伤演化依赖于应变率，建立损伤型的 ZWT 模型能够描述大变形破坏行为。李英雷等[116]利用损伤型的 ZWT 模型来描述 TATB 炸药的动态压缩力学行为，考虑到材料的初始损伤，TATB 炸药一开始加载就发生损伤演化，理论模型和实验结果能够很好地吻合在一起，从而验证了所建立的损伤模型的正确性。

由于 PBX 炸药包含了大量的固体含能颗粒和聚合物黏结剂，在冲击载荷作用下，固体颗粒与基体的界面及其邻近区域可能产生很高的局部应力-应变场，从而导致材料的细观损伤，特别是炸药中的孔穴率、炸药颗粒的缺陷或裂纹等内部细观损伤对炸药的感度有明显的影响。而在外界载荷作用下，炸药材料内部将产生新的损伤及损伤演化，导致炸药感度升高，容易发生爆炸。对这种具有初始损伤且易于产生损伤的含能材料，如何表征损伤、建立损伤演化方程等损伤力学问题都还没有较好地开展研究工作。Schapery 等认为损伤主要是含能材料颗粒与聚合物基体的脱粘，以微裂纹及其扩展为基础来研究损伤及其演化。但是，目前还没有具体的损伤实验测试结果，也没有合理的实验结果来检验这些损伤演化方程。对 PBX 炸药的冲击压缩来讲，除了考虑界面脱粘损伤外，更重要的还需要考虑含能颗粒的损伤断裂，以及应变率效应对这些损伤演化的影响。

肖有才等[117, 118]建立了 PBX 炸药的损伤本构模型，利用广义能量释放率建立了微裂纹的稳定扩展准则和失稳扩展准则，假设微裂纹平均半径的增长率基本上依赖于应力强度，结合动态断裂理论中微裂纹扩展的速度公式建立了微裂纹的损伤演化方程。最后通过利用应变率叠加原理，将广义麦克斯韦模型和微裂纹体串联耦合起来，建立了 PBX 炸药的广义黏弹性统计损伤本构模型。利用有限元 ABAQUS 中 VUMAT 模块，基于建立的损伤本构模型，开发了子程序，模拟了 PBX 炸药的 SHPB 动态压缩和三轴冲击损伤实验，验证了所建立的损伤本构模型的有效性。

1.4 炸药冲击起爆性能研究概述

1.4.1 炸药冲击起爆的实验研究

PBX 炸药在冲击等外界作用下发生爆轰是一个瞬态过程，该过程具有高温、高压和高速等特性。炸药发生爆轰时产生的高温为 3 000～5 000 ℃，产生的压强为 10～20 GPa，爆轰波的传播速度为 1 000～10 000 m/s。此外，炸药在发生爆轰时还会释放出大量的热并产生大量爆轰产物气体。由于炸药的爆轰过程有上述特点，所以必须通过爆轰实验来研究这种特殊的过程，否则就不可能获得待测炸药相应的爆轰参数，爆轰理论也就缺乏有力的支撑。可以说，爆轰实验是爆轰理论的基础，也是研究 PBX 等炸药爆轰性能的必不可少的手段。

在求解爆轰流场所建立的爆轰方程组中必须包含状态方程，状态方程值指的是爆压 p、比体积 v、密度 ρ 及温度 T 之间的关系式。状态方程有不同的种类和形式，总体上可分为包含化学反应和不包含化学反应两种。包含化学反应的常用的状态方程形式有 BKW 方程和 KHT 方程；不包含化学反应的常用的状态方程有 JWL 状态方程和多方方程等。炸药的状态方程（包括未反应和反应产物两种情况）、单温模型混合法则和反应速率方程一起构成了描述固体炸药冲击起爆和爆轰过程的动力学本构关系。由于状态方程、混合法则和反应率方程有多种模型和表达式且每种方程都有其独立的标定方法，采用不同的状态方程或不同的混合法则形式都会得到不同的计算结果，故三者之间存在相容性问题。许多学者通过大量的研究发现，JWL 状态方程与点火增长反应速率方程有很好的相容性，因此被广泛地应用于凝聚炸药的冲击起爆研究中。

圆筒实验（Cylinder Test）最初由美国人 Kury 等提出和使用，该实验主要用来标定炸药爆轰产物的 JWL 状态方程参数以及评定待测炸药的做功能力。丁刚毅等[119]利用圆筒实验装置和隔板实验对含铝炸药的本构关系进行了标定，并对其冲击起爆和做功能力进行了研究，研究表明，炸药中的铝粉能够增强炸药的驱动做功能力。浣石等[120]研究了描述固态炸药冲击起爆所使用的状态方程和反应速率方程之间的相容性，并提出了一种利用拉格朗日实验及其分析方法来确定上述本构方程相容性的方法。陈清畴等[121]探讨了 RDX 高聚物黏结炸药在小尺寸下爆轰产物的状态方程，采用两种直径的圆筒实验对 PBX 炸药的做功能力进行了研究，获得了圆筒筒壁膨胀位移时间曲线及速度时间曲线，并用非线性有限元程序 LS-DYNA 进行数值模拟，标定了 RDX 高聚物黏结炸药爆轰产物的 JWL 状态方程。

隔板实验是用来测量炸药冲击感度的最常用的实验方法之一，该方法的原理是在主发炸药和待测炸药之间布置金属或有机玻璃等钝感介质作为隔板，通过调整隔板厚度来改变入射冲击波的强度，并将待测炸药发生 50% 起爆概率时的隔板厚度来作为评价该种待测炸药感度的指标。隔板实验通常可按照炸药的尺寸大致分成大隔板和小隔板实验，小隔板实验的待测炸药柱直径一般在 10 mm 以内，大隔板实验的待测炸药柱直径一般大于 10 mm。黄凤雷等[9]用隔板实验研究了压阻计对推进剂化学反应流场的影响。Frank 等研究了 LLM-105 炸药在 25 ℃和 150 ℃下的冲击起爆实验，测得了内置传感器的数据包括到爆轰的距离，并得到了该炸药的点火增长模型参数等。肖有才等[122]采用数值模拟和实验研究相结合的手段，将建立的 PBX 炸药的反应率动力学本构方程及参数代入有限元软件中对冲击起爆实验进行了数值模拟，分析了 PBX 炸药的冲击起爆点火特性。

1.4.2 炸药冲击起爆的理论研究

爆轰波的经典理论的发展大致可分为三个阶段。

第一阶段是 D. L. Chapman 和 E. Jouguet 提出的关于爆轰波的平面一维流体动力学理论，简称爆轰波的 C-J 理论或 C-J 假说。该理论从热力学和流体动力学基本理论出发，假设爆轰波阵面是一个有化学反应热放出的强间断面，将炸药分为未反应区和反应产物，在强间断面到达的位置炸药瞬时反应为爆轰产物，提出了爆轰波能够稳定传播的条件并进行了验证，为爆轰波的理论分析和参数计算确立了基础。虽然该理论是在学术界是公认的成功理论，并且在一些爆轰参数计算中能够满足精度要求，但其并不是完全正确的。事实上，爆轰反应区并不是一个真正意义上的间断面，而是具有一定厚度的反应区。在爆轰波的反应区内，炸药发生着复杂的物理和化学变化，最终反应为爆轰产物。虽然 C-J 理论存在一些理论上的缺陷，但仍不影响该理论于实际工程中的广泛应用，这是因为，一方面固体炸药的爆轰反应区厚度非常窄，若只关心炸药爆轰产生的气体等产物对周围介质的作用，可以忽略爆轰反应区内的反应细节，这样对结果并没有太大的影响；另一方面，在研究具体的爆轰问题时首先要对待测炸药的状态方程通过相关实验进行标定，而状态方程本身就是一种半经验半理论的方程形式，在通过实验对方程中的参数进行标定或检验时很可能就对 C-J 理论中不正确的部分进行了补偿，使得用该理论进行分析计算得到的结果令人十分满意。所以 C-J 理论并不是完全从理论出发，而在实际计算时，使用的状态方程就已经对该理论模型进行了修正，使得计算结果精度满足工程实际的需求。由于上述原因以及 C-J 理论形式简单，所以到目前为止，C-J 理论仍被广泛应用于工程实践中来分析各种炸药的爆轰问题。

第二阶段是由苏联学者泽里多维奇（Zeldovich）、美国学者冯·诺曼（Von Neumann）和德国学者 W. 杜林（Doering）提出的对爆轰过程更进一步的理论模型，称为 Z-N-D 模型，该模型对 C-J 理论存在的不足进行了根本性的改进。Z-N-D 模型认为，炸药的爆轰过程并不是在一个强间断面内瞬间完成的，而是在前导冲击波波阵面后存在一个化学反应区，在该反应区内炸药按一定反应速率发生反应并最终生成爆轰产物，前导冲击波和化学反应区一起构成了爆轰冲击波阵面。显然，Z-N-D 模型比 C-J 理论更加符合实际情况，但仍然存在一定的理论上的不足，即像 C-J 理论模型一样，该模型也是一种带有理想化假设的模型。Z-N-D 虽然提出了化学反应区的存在，但它假定在化学反应区内炸药按一定的反应速率逐渐发生反应，这显然是不符合实际的。由于非均质炸药受密度、化学成分及含能颗粒等的影响，在冲击波等作用下真实的爆轰反应呈现出化学反应的多样性、前导冲击波的不均匀性、化学反应区内爆轰产物的相互作用以及边界效应等，所有这些情况都有可能使得反应区的爆轰过程偏离理想情况[13]。

第三阶段是非定常爆轰，通过引入一个宏观唯象的物理量来描述反应区内的反应进程，即反应度 λ，当 λ 为零时表示未发生反应，当 λ 为 1 时表示完全反应。反应度 λ 对时间求导即为反应速率，反应速率函数模型是研究非定常爆轰理论模型的核心。反应速率方程是冲击起爆数学模型的核心，其主要模型有森林之火模型、Arrhenius 反应速率方程、点火增长模型和 Cochran 反应速率方程等。由于三项式点火增长反应速率方程每一项都对应有明确的物理意义，建立起了速率方程与起爆机理之间定性的联系，所以应用非常广泛。1985 年，Tarver 等对固体炸药在短脉冲作用下的冲击起爆研究，标定了三项式点火增长方程并进行了精确模拟。2008 年，梁增友等对 PBX9404 炸药的反应速率方程及该炸药的起爆特性进行了研究，建立了基于 Kim 黏弹塑性球壳塌缩热点模型原理的三项式化学反应率方程，运用遗传算法标定了 PBX9404 炸药的点火增长反应速率方程的参数，通过与运用森林之火反应速率模型进行数值模拟得到的结果的对比验证了所建模型的合理性。2012 年，Leonard 等详细介绍了以 COMP-B 高能炸药为例的点火增长方程的数值模拟用到的参数，并利用其他文献中的结果进行了模拟来进行说明。2014 年，周洪强等采用 Lee-Tarver 点火燃烧二项式模型模拟了 PBX9404 炸药的一维冲击波起爆过程和爆轰波传爆过程，计算的结果表明了其模型的有效性。

1.4.3 炸药冲击起爆机理的数值模拟研究

炸药爆轰的数值模拟是指采用相应的数学理论和算法在计算机上编制相应的计算程序对流体动力学和化学反应动力学方程组进行数值求解，用计算所得的结果来反映真实的爆轰过程。20 世纪 70 年代以来，计算机的高速发展和广泛普及为爆轰数值模拟的广泛研究提供了可能，另外，在军事和民用方面也对炸药的性能研究提出了越来越严苛的要求，单纯的实验已远不能满足其相应的需求，这也有力地加快了炸药数值模拟研究工作的进程。由于炸药爆轰的数值仿真模拟具有成本低、可重复操作、计算速度快和结果稳定等特点，现已被广泛应用于爆轰的研究中，成为研究爆轰的重要手段之一。

利用计算机对炸药的爆轰过程进行数值模拟最明显的优势是数值模拟可以将实验中难以观察到的一些细节过程有效地展示出来，从而为实验设计提供指导，以降低实验成本、缩短研究周期，甚至在已知炸药材料参数的情况下可直接进行数值模拟来取代某些爆轰实验。数值模拟将对本研究的圆筒实验、拉格朗日实验以及结果检验等提供重大帮助。

炸药冲击起爆过程的数值模拟的基本方法主要有限差分法和有限元法两种，在炸药的冲击起爆计算中，这两种方法均有广泛的应用。有限差分法的基本思想是利用正交网格用差分来逼近微分，得到的解为近似解。这种方法的最大的好处是将离散算子稀疏，但是面对一些几何结构或常变量比较复杂的情形，有限差分法就体现出了它的局限性。而有限元法正好可以解决上述难题，该方法的基本思想是将结构离散成许多小单元，通过定义单元形函数将单元内部与节点变量联系起来，该方法是近似问题的精确解。

Mader 等[2]分别用二维拉氏反应流程序 2DL 和二维欧拉反应流计算程序 2DE，反应速率方程和状态方程分别选用森林之火模型和 HOM 方程对 X-0219 炸药在拐角的绕射现象进行了模拟，数值模拟所得的结果与实验得到的结果基本一致。Tarver 等对 PBX9404 和 LX-17 两种炸药爆轰过程中爆轰波拐角绕射现象进行了数值模拟，他们在对 LX-17 炸药进行计算时发现，当拐角处是低密度材料时会存在有未反应完的炸药，但在模拟 PBX9404 药柱的爆轰过程中，并没有出现延缓等现象。温丽晶等[123]采用二维有限元程序 DYNA2D，模拟了两种含有不同颗粒度的 PBXC03 炸药在冲击波作用下的爆轰过程，所得结果与其实验得到的结果基本吻合。周洪强等建立了描述局部压力和热平衡状态下材料爆轰过程的连续介质本构模型，并通过对 PBX9404 炸药进行计算，验证了该模型相应的数值计算方法的有效性。肖有才等[124, 125]为研究不敏感弹药或不敏感引信在战备和后勤贮存过程中的殉爆现象，以装填 JH-14C 传爆药的某引信传爆序列为研究对象，开展了冲击波、破片作用下殉爆数值模拟研究，获得了引信传爆序列爆轰波成长历程、传播规律以及临界殉爆距离。

本章参考文献

[1] MADER C L, JOHNSON J N, CRANE S L. Los Alamos explosives performance data [M]. London：University of California Press，1982.

[2] MADER C L. Numerical modeling of explosives and propellants [M]. Fresno：Witerwoof Inc.，2008.

[3] MEYER R，K HLER J，HOMBURG A. Explosives [M]. Weinheim：Wiley-VCH Verlag GmbH，2007.

[4] ASAY B W. Shock wave science and technology reference library，vol.5 non-shock initiation of explosives [M]. Berlin：Springer，2010.

[5] LI H X，WANG J Y，AN C W. Study on the rheological properties of cl-20/htpb casting explosives [J]. Central european journal of energetic materials，2014，11（2）：237-255.

[6] MENG J J，ZHOU L，ZHANG X R. Effect of pressure of the casting vessel on the solidification characteristics of a DNAN/RDX melt-cast explosive [J]. Journal of energetic materials，2016，4（35）：1-12.

[7] 董海山，周芬芬. 高能炸药及相关物性能 [M]. 北京：科学出版社，1989.

[8] 邵建军，翟东民. 铝粉的物理性质对含铝炸药爆炸性能的影响 [J]. 中国科技信息，2012（2）：42.

[9] HOPKINSON B. A method of measuring the pressure produced in the detonation of high explosives or by the impact of bullets [J]. Philosophical transactions of the royal society of London A：mathematical，physical and engineering sciences，1914，89

（89）：411-413.

[10] DAVIES R. A critical study of the Hopkinson pressure bar [J]. Philosophical transactions of the royal society of London series a mathematical and physical sciences，1948，821（240）：375-457.

[11] KOLSKY H. An investigation of the mechanical properties of materials at very high rates of loading [J]. Proceedings of the physical society，section B，1949，62（11）：676-700.

[12] FREW D，FORRESTAL M J，CHEN W. Pulse shaping techniques for testing brittle materials with a split Hopkinson pressure bar [J]. Experimental mechanics，2002，42（1）：93-106.

[13] CHEN W，ZHANG B，FORRESTAL M. A split Hopkinson bar technique for low-impedance materials [J]. Experimental mechanics，1999，39（2）：81-85.

[14] CHEN W，LU F，FREW D，et al. Dynamic compression testing of soft materials [J]. Journal of applied mechanics，2002，69（3）：214-223.

[15] SIVIOUR C R，WALLEY S M，PROUD W G，et al. The high strain rate compressive behaviour of polycarbonate and polyvinylidene difluoride [J]. Polymer，2005，46（26）：12546-12555.

[16] HAO X，GAI G，LU F，et al. Dynamic mechanical properties of whisker/PA66 composites at high strain rates [J]. Polymer，2005，46（10）：3528-3534.

[17] JORDAN J L，SIVIOUR C R，FOLEY J R，et al. Compressive properties of extruded polytetrafluoroethylene [J]. Polymer，2007，48（14）：4184-4195.

[18] LIM A S，LOPATNIKOV S L，GILLESPIE JR J W. Development of the split-Hopkinson pressure bar technique for viscous fluid characterization [J]. Polymer testing，28（8）：891-900.

[19] CHEN W，LU F，CHENG M. Tension and compression tests of two polymers under quasi-static and dynamic loading [J]. Polymer testing，2002，21（2）：113-121.

[20] SHI S，YU B，WANG L. The thermoviscoelastic constitutive equation of PP and PA blends and its rate temperature equivalency at high strain rates [J]. Macromolecular symposia，2007，247（247）：28-34.

[21] XIA K，YAO W. Dynamic rock tests using split Hopkinson（Kolsky）bar system-a review [J]. Journal of rock mechanics and geotechnical engineering，2015，7（1）：27-59.

[22] ZHANG Q B，ZHAO J. A review of dynamic experimental techniques and mechanical behaviour of rock materials [J]. Rock mechanics & rock engineering，2014，47（4）：1411-1478.

[23] HARDING J，WELSH L M. A tensile testing technique for fibre-reinforced composites at impact rates of strain [J]. Journal of materials science，1983，18（6）：1810-1826.

[24] HARDING J，WOOD E，CAMPBELL J. Tensile testing of materials at impact rates of strain [J]. Journal of mechanical engineering science，1960，2（2）：88-96.

[25] HUH H，KANG W，HAN S. A tension split Hopkinson bar for investigating the dynamic behavior of sheet metals [J]. Experimental mechanics，2002，42（1）：8-17.

[26] LI M，WANG R，HAN M-B. A Kolsky bar：tension，tension-tension [J]. Experimental mechanics，1993，33（1）：7-14.

[27] NIE X，SONG B，GE Y，et al. Dynamic tensile testing of soft materials [J]. Experimental mechanics，2009，49（4）：451-458.

[28] SONG B，CHEN W. Dynamic stress equilibration in split Hopkinson pressure bar tests on soft materials [J]. Experimental mechanics，2004，44（3）：300-312.

[29] CHEN W，SONG B. Kolsky bar for dynamic tensile/torsion experiments [J]. Split Hopkinson（Kolsky）bar，2011：261-289.

[30] SONG B，CHEN W. Loading and unloading split Hopkinson pressure bar pulse-shaping techniques for dynamic hysteretic loops [J]. Experimental mechanics，2004，44（6）：622-627.

[31] CHEN P W，HUANG F L，DAI K，et al. Detection and characterization of long-pulse low-velocity impact damage in plastic bonded explosives [J]. International journal of impact engineering，2005，31（5）：497-508.

[32] NAGHDABADI R，ASHRAFI M J，ARGHAVANI J. Experimental and numerical investigation of pulse-shaped split Hopkinson pressure bar test [J]. Materials science

and engineering，2012，539：285-293.

[33] DUFFY J，CAMPBELL J D，HAWLEY R H. On the use of a torsional split Hopkinson bar to study rate effects in 1100-0 aluminum [J]. Journal of applied mechanics，1971，38（1）：83-91.

[34] CHRISTENSEN R，SWANSON S，BROWN W. Split-Hopkinson-bar tests on rock under confining pressure [J]. Experimental mechanics，1972，12（11）：508-513.

[35] FREW D，FORRESTAL M J，CHEN W. A split Hopkinson pressure bar technique to determine compressive stress-strain data for rock materials [J]. Experimental mechanics，2001，41（1）：40-46.

[36] CHEN W，SONG B. One-dimensional dynamic compressive behavior of epdm rubber [J]. Journal of engineering materials & technology，2003，125（3）：294-301.

[37] SONG B，CHEN W，WEERASOORIYA T. Quasi-static and dynamic compressive behaviors of a S-2 Glass/SC15 composite [J]. Journal of composite materials，2003，37（19）：1723-1743.

[38] XIAO Y C，SUN Y，LI X，et al. Dynamic mechanical behavior of PBX [J]. Propellants explosives pyrotechnics，2016，41（3）：629-636.

[39] XIAO Y C，SUN Y，YANG Z，et al. Dynamic compressive properties of polymer bonded explosives under confining pressure [J]. Propellants explosives pyrotechnics，2017，42（8）：873-882.

[40] XIAO Y C，SUN Y，WANG Z. Investigating the static and dynamic tensile mechanical behaviour of polymer-bonded explosive [J]. Strain，2018，54（2）：1-13.

[41] 肖有才. PBX 炸药的动态力学性能及冲击损伤行为研究 [D]. 哈尔滨：哈尔滨工业大学，2016.

[42] CADY C，BLUMENTHAL W，GRAY G，et al. Mechanical properties of plastic-bonded explosive binder materials as a function of strain-rate and temperature [J]. Polymer engineering & science，2006，46（6）：812-819.

[43] HOFFMAN D M. Dynamic mechanical signatures of a polyester-urethane and plastic-bonded explosives based on this polymer [J]. Journal of applied polymer science，2002，83（5）：1009-1024.

[44] BROWNING R V, GURTIN M E, WILLIAMS W O. A one-dimensional viscoplastic constitutive theory for filled polymers [J]. International journal of solids and structures, 1984, 20 (84): 921-934.

[45] BROWNING R V, GURTIN M E, WILLIAMS W O. A model for viscoplastic materials with temperature dependence [J]. International journal of solids and structures, 1989, 25 (4): 441-457.

[46] SCHAPERY R. A micromechanical model for non-linear viscoelastic behavior of particle-reinforced rubber with distributed damage [J]. Engineering fracture mechanics, 1986, 25 (5): 845-867.

[47] SCHAPERY R. A theory of mechanical behavior of elastic media with growing damage and other changes in structure [J]. Journal of the mechanics and physics of solids, 1990, 38 (2): 215-253.

[48] SCHAPERY R. Nonlinear viscoelastic solids [J]. International journal of solids and structures, 2000, 37 (1): 359-366.

[49] IDAR D, THOMPSON D, GRAY G, et al. Influence of polymer molecular weight, temperature, and strain rate on the mechanical properties of PBX 9501; proceedings of the Aip conference proceedings, F, 2002 [C]. IOP INSTITUTE OF PHYSICS PUBLISHING LTD.

[50] WILLIAMSON D M, SIVIOUR C R, PROUD W G, et al. Temperature-time response of a polymer bonded explosive in compression (EDC37) [J]. Journal of physics D applied physics, 2008, 41 (8): 1577-1582.

[51] LIU C, THOMPSON D G. Mechanical response and failure of high performance propellant (HPP) subject to uniaxial tension [J]. Mechanics of time-dependent materials, 2015, 19 (2): 1-21.

[52] DRODGE D R, WILLIAMSON D M, PALMER S J P, et al. The mechanical response of a PBX and binder: combining results across the strain-rate and frequency domains [J]. Journal of physics D applied physics, 2010, 43 (33): 403-409.

[53] 罗景润. PBX 的损伤、断裂及本构关系研究 [D]. 绵阳：中国工程物理研究院，2001.

[54] 赵玉刚, 傅华, 李俊玲, 等. 三种 PBX 炸药的动态拉伸力学性能 [J]. 含能材料, 2011 (2): 194-199.

[55] 陈荣. 一种 PBX 炸药试样在复杂应力动态加载下的力学性能实验研究 [D]. 长沙: 国防科学技术大学, 2010.

[56] 敬仕明. PBX 有效力学性能及本构关系研究 [D]. 绵阳: 中国工程物理研究院, 2009.

[57] WIEGAND D A, REDDINGIUS B. Mechanical properties of confined explosives [J]. Journal of energetic materials, 2005, 23 (2): 75-98.

[58] 蓝林钢, 温茂萍, 李明, 等. 被动围压下 PBX 的冲击动态力学性能 [J]. 火炸药学报, 2011 (4): 41-44.

[59] XIAO Y C, FAN C, WANG Z, et al. Visco-hyperelastic constitutive modeling of the dynamic mechanical behavior of HTPB casting explosive and its polymer binder [J]. Acta mechanica, 2020, 231 (6): 2257-2272.

[60] YANG Z, SUN Y, XIAO Y C, et al. A stochastic multiscale method for thermo-mechanical analysis arising from random porous materials with interior surface radiation [J]. Advances in engineering software, 2017, 104 (C): 12-27.

[61] XIAO Y C, SUN Y, YANG Z, et al. Study of the dynamic mechanical behavior of PBX by Eshelby theory [J]. Acta mechanica, 2017, 228 (6): 1993-2003.

[62] XIAO Y C, XIAO X D, XIONG Y, et al. Mechanical behavior of a typical polymer bonded explosive under compressive loads [J]. Journal of energetic materials, 2021, 41 (1): 1-33.

[63] ESHELBY J D. The elastic field outside an ellipsoidal inclusion [J]. Proceedings of the royal society a mathematical physical & engineering sciences, 1959, 252 (1271): 561-569.

[64] ESHELBY J D. The determination of the elastic field of an ellipsoidal inclusion, and related problems [J]. Proceedings of the royal society of London a mathematical physical & engineering sciences, 1957, 241 (1226): 376-396.

[65] CHRISTENSEN R M, LO K H. Solutions for effective shear properties in three phase sphere and cylinder models [J]. Journal of the mechanics & physics of solids,

1979，27（4）：315-330.

[66] HASHIN Z. The differential scheme and its application to cracked materials [J]. Journal of the mechanics and physics of solids，1988，36（6）：719-734.

[67] HERSHEY A V. The elasticity of an isotropic aggregate of anisotropic cubic crystals [J]. Journal of applied mechanics-transactions of the ASME，1954，21（3）：236-240.

[68] KRONER E. Berechnung der elastischen Konstanten des Vielkristalls aus den Konstanten des Einkristalls [J]. Zeitschrift für physik a hadrons and nuclei，1958，151（4）：504-518.

[69] HILL R. Continuum micro-mechanics of elastoplastic polycrystals [J]. Journal of the mechanics & physics of solids，1965，13（2）：89-101.

[70] HASHIN Z，SHTRIKMAN S. A variational approach to the theory of the elastic behaviour of multiphase materials [J]. Journal of the mechanics & physics of solids，1963，11（2）：127-140.

[71] BUDIANSKY B. On elastic moduli of some heterogeneous materials [J]. Journal of the mechanics & physics of solids，1965，13（4）：223-227.

[72] MORI T，TANAKA K. Average stress in matrix and average elastic energy of materials with misfitting inclusions [J]. Acta metallurgica，1973，21（5）：571-574.

[73] TANDON G，WENG G. The effect of aspect ratio of inclusions on the elastic properties of unidirectionally aligned composites [J]. Polymer composites，1984，5（4）：327-333.

[74] TANDON G，WENG G. Average stress in the matrix and effective moduli of randomly oriented composites [J]. Composites science and technology，1986，27（2）：111-132.

[75] QIU Y P，WENG G. On the application of Mori-Tanaka's theory involving transversely isotropic spheroidal inclusions [J]. International journal of engineering science，1990，28（11）：1121-1137.

[76] WENG G. The theoretical connection between Mori-Tanaka's theory and the Hashin-Shtrikman-Walpole bounds [J]. International journal of engineering science，1990，28（11）：1111-1120.

[77] WANG Y，WENG G. The influence of inclusion shape on the overall viscoelastic behavior of composites [J]. Journal of applied mechanics，1992，59（3）：510-518.

[78] LI J，WENG G. Strain-rate sensitivity，relaxation behavior，and complex moduli of a class of isotropic viscoelastic composites [J]. Journal of engineering materials and technology，1994，116（4）：495-504.

[79] LI J，WENG G. Anisotropic stress-strain relations and complex moduli of a viscoelastic composite with aligned spheroidal inclusions [J]. Composites engineering，1994，4（11）：1073-1097.

[80] LI J，WENG G. Effect of a viscoelastic interphase on the creep and stress/strain behavior of fiber-reinforced polymer matrix composites [J]. Composites part B：engineering，1996，27（6）：589-598.

[81] LI J，WENG G. A secant-viscosity approach to the time-dependent creep of an elastic viscoplastic composite [J]. Journal of the mechanics and physics of solids，1997，45（7）：1069-1083.

[82] LI J，WENG G. Stress-strain relations of a viscoelastic composite reinforced with elliptic cylinders [J]. Journal of thermoplastic composite materials，1997，10（1）：19-30.

[83] LI J，WENG G. A unified approach from elasticity to viscoelasticity to viscoplasticity of particle-reinforced solids [J]. International journal of plasticity，1998，14（1）：193-208.

[84] LI J，WENG G. A micromechanical approach to the stress-strain relations，strain-rate sensitivity and activation volume of nanocrystalline materials [J]. International journal of mechanics and materials in design，2013，9（2）：141-152.

[85] CLEMENTS B E，MAS E M. Dynamic mechanical behavior of filled polymers，Ⅰ，theoretical developments [J]. Journal of applied physics，2001，90（11）：5522-5534.

[86] MAS E M，CLEMENTS B E. Dynamic mechanical behavior of filled polymers，Ⅱ，applications [J]. Journal of applied physics，2001，90（11）：5535-5541.

[87] CLEMENTS B E，MAS E M. A theory for plastic-bonded materials with a bimodal size distribution of filler particles [J]. Modelling and simulation in materials science

and engineering，2004，12（3）：407-421.

[88] TAN H，HUANG Y，LIU C，et al. The Mori-Tanaka method for composite materials with nonlinear interface debonding [J]. International journal of plasticity，2005，21（10）：1890-1918.

[89] PALEY M，ABOUDI J. Micromechanical analysis of composites by the generalized cells model [J]. Mechanics of materials，1992，14（2）：127-139.

[90] LEVESQUE M，DERRIEN K，MISHNAEVSKI JR L，et al. A micromechanical model for nonlinear viscoelastic particle reinforced polymeric composite materials—undamaged state [J]. Composites part A：applied science and manufacturing，2004，35（7）：905-913.

[91] 肖向东，肖有才，洪志雄，等. 传爆药静态压缩力学性能及损伤特性研究 [J]. 爆炸与冲击，2021，42（2）：1-9.

[92] PALMER S，FIELD J，HUNTLEY J. Deformation，strengths and strains to failure of polymer bonded explosives [J]. Proceedings of the royal society of London series A：mathematical and physical sciences，1993，440（1909）：399-419.

[93] BERGHOUT H，SON S，SKIDMORE C，et al. Combustion of damaged PBX 9501 explosive [J]. Thermochimica acta，2002，384（1）：261-277.

[94] PETERSON P D，MORTENSEN K S，IDAR D J，et al. Strain field formation in plastic bonded explosives under compressional punch loading [J]. Journal of materials science，2001，36（6）：1395-1400.

[95] KNOLLMAN G C，MARTINSON R H，BELLIN J L. Ultrasonic assessment of cumulative internal damage in filled polymers（Ⅱ）[J]. Journal of applied physics USA，1981，12（6）：152.

[96] KNOLLMAN G C，MARTINSON R H，BELLIN J L. Ultrasonic analysis of cumulative internal damage in filled polymers [J]. Journal of the acoustical society of America，1980，67：S56.

[97] RAE P，GOLDREIN H，PALMER S，et al. Quasi-static studies of the deformation and failure of β-HMX based polymer bonded explosives [J]. Proceedings of the royal society of London series A：mathematical，physical and engineering sciences，

2002，458（2019）：743-762.

[98] RAE P，PALMER S，GOLDREIN H，et al. Quasi-static studies of the deformation and failure of PBX 9501 [J]. Proceedings of the royal society of London series A：mathematical，physical and engineering sciences，2002，458（2025）：2227-2242.

[99] CHEN P W，XIE H，HUANG F L，et al. Deformation and failure of polymer bonded explosives under diametric compression test [J]. Polymer testing，2006，25（3）：333-341.

[100] CHEN P W，HUANG F L，DING Y. Microstructure，deformation and failure of polymer bonded explosives [J]. Journal of materials science，2007，42（13）：5272-5280.

[101] ZHOU Z，CHEN P W，HUANG F L，et al. Experimental study on the micromechanical behavior of a PBX simulant using SEM and digital image correlation method [J]. Optics and lasers in engineering，2011，49（3）：366-370.

[102] XIAO Y C，SUN Y，ZHEN Y，et al. Characterization，modeling and simulation of the impact damage for polymer bonded explosives [J]. International journal of impact engineering，2017，103：149-158.

[103] LABARBERA D A，ZIKRY M A. Dynamic fracture and local failure mechanisms in heterogeneous RDX-Estane energetic aggregates [J]. Journal of materials science，2015，50（16）：5549-5561.

[104] GENT A N. Detachment of an elastic matrix from a rigid spherical inclusion [J]. Journal of the mechanics and physics of solids，1980，15（11）：2884-2888.

[105] TAN H，LIU C，HUANG Y，et al. The cohesive law for the particle/matrix interfaces in high explosives [J]. Journal of the mechanics and physics of solids，2005，53（8）：1892-1917.

[106] ALLAN Z N，KNAUSS W G. Effects of particle interaction and size variation on damage evolution in filled elastomers [J]. Mechanics of composite materials & structures，2000，7（1）：35-53.

[107] CURRAN D，SEAMAN L. Simplified models of fracture and fragmentation [M]. Berlin：Springer，1996：340-365.

[108] ZHOU J. A constitutive model of polymer materials including chemical ageing and mechanical damage and its experimental verification [J]. Polymer，1993，34（20）: 4252-4256.

[109] ZHOU J, LU Y. A damage evolution equation of particle-filled composite materials [J]. Engineering facture mechanics，1991，40（3）: 499-506.

[110] ZUO Q，DINENS J. On the stability of penny-shaped cracks with friction: the five types of brittle behavior [J]. International journal of solids and structures，2005，42（5）: 1309-1326.

[111] DINENS J, ZUO Q, KERSHNER J. Impact initiation of explosives and propellants via statistical crack mechanics [J]. Journal of the mechanics and physics of solids，2006，54（6）: 1237-1275.

[112] ZUO Q，ADDESSIO F，DINENS J，et al. A rate-dependent damage model for brittle materials based on the dominant crack [J]. International journal of solids and structures，2006，43（11）: 3350-3380.

[113] BENNETT J G, HABERMAN K S, JOHNSON J N, et al. A constitutive model for the non-shock ignition and mechanical response of high explosives [J]. Journal of the mechanics and physics of solids，1998，46（12）: 2303-2322.

[114] HACKETT R M，BENNETT J G. An implicit finite element material model for energetic particulate composite materials [J]. International journal for numerical methods in engineering，2000，49（9）: 1191-1209.

[115] 周风华，王札立，胡时胜. 有机玻璃在高应变率下的损伤型非线性黏弹性本构关系及破坏准则 [J]. 爆炸与冲击，1992（4）: 333-342.

[116] 李英雷，李大红，胡时胜，等. TATB 钝感炸药本构关系的实验研究 [J]. 爆炸与冲击，1999（4）: 353-359.

[117] XIAO Y C，FAN C，WANG Z，et al. Coupled mechanical-thermal model for numerical simulations of polymer-bonded explosives under low-velocity impacts [J]. Propellants，explosives，pyrotechnics，2020，45（5）: 823-832.

[118] LI X，SUN Y，XIAO Y C，et al. A systematic method to determine and test the ignition and growth reactive flow model parameters of a newly designed

polymer-bonded explosive [J]. Propellants，explosives，pyrotechnics，2018，43
（9）：948-954.

[119] 丁刚毅，徐更光. 含铝炸药二维冲击起爆的爆轰数值模拟 [J]. 兵工学报，1994
（4）：25-29.

[120] 浣石，张振宇. 固体炸药反应速率方程与状态方程的相容性研究 [J]. 湖南大
学学报（自然科学版），2003，30（3）：15-18.

[121] 陈清畴，蒋小华，李敏，等. HNS-Ⅳ炸药的点火增长模型 [J]. 爆炸与冲击，
2012，32（3）：328-332.

[122] XIAO Y C，LI Y，WANG Z，et al. A constitutive model for the shock ignition of
polymer bonded explosives [J]. Combustion science and technology，2018，191
（3）：590-604.

[123] 温丽晶，段卓平，张震宇，等. 刚塑性黏结剂的双球壳塌缩热点反应模型 [J].
北京理工大学学报，2011，31（8）：883-887.

[124] XIAO Y C，XIAO X D，FAN C，et al. Study of the sympathetic detonation reaction
behavior of a fuze explosive train under the impact of blast fragments [J]. Journal
of mechanical science and technology，2021，35（6）：257-2584.

[125] 肖向东，肖有才，蒋海燕，等. 冲击波作用下引信传爆序列殉爆的数值模拟 [J].
高压物理学报，2021，35（5）：1-9.

第 2 章　PBX 炸药的动态力学性能测试

2.1　引　　言

PBX 炸药及其黏结剂的应变率效应明显，在冲击加载下的响应与静载荷下的响应有显著的区别。虽然国内外对 PBX 炸药的动态力学性能做了大量的研究，但是由于 PBX 炸药的组成成分不同，实验设计方案及其动态力学性能差别很大，本书所研究的 PBX 炸药是一种颗粒质量分数低的高黏结剂炸药，与常见的 PBX 炸药，如 PBX9501、PBX9502、PBX9504、EDC37 和 LX-07 等动态力学性能差别很大。霍普金森杆常用于测量工程材料的动态力学性能。由于本书所研究的高黏结剂 PBX 炸药是一种低阻抗、低强度炸药，所以该类材料的动态力学性能测量具有很大的挑战。

对材料的动态力学性能的测试，是建立在试件中应力均匀性和常应变率加载的基础之上的。但是霍普金森实验中杆对试件的加载过程，涉及复杂的应力波传播及相互作用，试件中应力是否达到均匀、何时达到均匀都是非常重要的问题，只有解决了这些问题，才能为实验数据的可靠性奠定基础。固体中应力波的传播理论已经被证明在很多情况下能够描述材料的响应，并且其可靠性也被验证。因此，从固体中的应力波传播与作用的角度出发，可以更好地分析实验中的各种细节。

本章将利用一维弹性波理论，计算和分析试件中的应力均匀性和实现常应变率加载的可能性，设计出合理的实验装置，对该类 PBX 炸药及其黏结剂的动态力学性能进行测试研究。

2.2　霍普金森杆实验装置

2.2.1　分离式霍普金森压杆装置

SHPB 动态压缩实验装置如图 2.1 所示，主要由轻气炮、撞击杆、入射杆、透射杆、动态应变仪、信号采集装置（示波器）和能量吸收装置（挡块）等组成。轻气炮以一定速度发射出撞击杆，撞击杆撞击输入杆后产生一个脉冲宽度为 Δt 的压缩应力波，$\Delta t = 2l/c_0$，其中 l 为撞击杆长度，c_0 为应力波在撞击杆和杆中传播的波速。该压缩应力波传入入射杆，因为入射杆与试件的阻抗不同，所以入射波作用于试件与杆的界面处，产生反射和透射，透射的应力波在试件两个界面上发生多次反射和透射，形成了在入射杆中传播的反射波和在透射杆中传播的透射波。

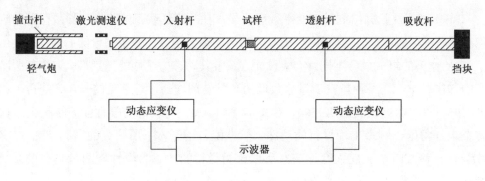

图 2.1　SHPB 动态压缩实验装置示意图

2.2.2　分离式霍普金森拉杆装置

SHTB 动态拉伸实验装置是在 SHPB 动态压缩实验装置的基础上发展而来的，为了获得拉伸加载脉冲，研究者曾提出了多种形式的 SHTB 拉杆实验装置[1]。本书采用了如图 2.2 所示 SHTB 动态拉伸实验装置，主要由轻气炮、撞击杆、入射杆、透射杆、动态应变仪、信号采集装置（示波器）和能量吸收装置（挡块）等组成。轻气炮以一定速度射出撞击杆，撞击杆撞击挡块，产生拉伸应力波，该入射波作用于试件上并在试件与杆的两个交界面上发生多次反射和透射，利用应变仪测量入射杆中的入射波、反射波和透射杆中的透射波，实验过程与 SHPB 动态压缩实验类似。

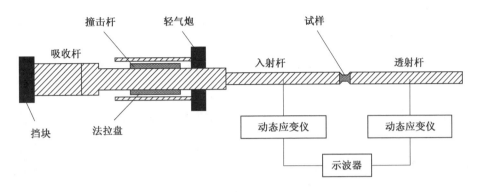

图 2.2　SHTB 动态拉伸实验装置示意图

2.2.3　分离式霍普金森压杆实验技术的基本原理

SHPB 动态压缩实验和 SHTB 动态拉伸实验的原理基本相同，都是建立在两个基本假设的基础上：一是一维应力波假设；二是在实验中试件的轴向应力和应变沿着试件轴向均匀分布，简称为应力均匀性假设。根据线弹性波的线性叠加原理，有

$$u_1 = c_0 \int_0^t (\varepsilon_i - \varepsilon_r)\, \mathrm{d}\tau \tag{2.1}$$

$$u_2 = c_0 \int_0^t \varepsilon_t \mathrm{d}\tau \tag{2.2}$$

式中，u_1 和 u_2 分别为入射杆和透射杆与试件交界面处的位移；ε_i、ε_r 和 ε_t 分别为测量的入射应变、反射应变和透射应变。

试件的两个端面应力分别为

$$\sigma_1 = E_0(\varepsilon_i + \varepsilon_r) \tag{2.3}$$

$$\sigma_2 = E_0 \varepsilon_t \tag{2.4}$$

由以上公式可以推导出试件中的平均应变 ε_s、平均应变率 $\dot{\varepsilon}$ 和平均应力 σ_s 分别为

$$\varepsilon_s = \frac{u_1 - u_2}{l_s} = \frac{c_0}{l_s} \int_0^t (\varepsilon_i - \varepsilon_r - \varepsilon_t)\, \mathrm{d}\tau \tag{2.5}$$

$$\dot{\varepsilon} = \frac{c_0}{l_s}(\varepsilon_i - \varepsilon_r - \varepsilon_t) \qquad (2.6)$$

$$\sigma_s = \frac{A_0}{2A_s}(\sigma_1 + \sigma_2) = \frac{A_0 E_0}{2A_s}(\varepsilon_i + \varepsilon_r + \varepsilon_t) \qquad (2.7)$$

式中，E_0、c_0 和 A_0 分别为入射杆的杨氏模量、波速和横截面积；l_s 和 A_s 分别为试件的长度和横截面积。入射波、反射波和透射波均用于计算时，通常称为"三波法"。由均匀性假设，即 $\varepsilon_i = -\varepsilon_r + \varepsilon_t$，代入式（2.5）～（2.7），可以得到简单的形式：

$$\varepsilon_s = -\frac{2c_0}{l_s}\int_0^t \varepsilon_r \mathrm{d}\tau \qquad (2.8)$$

$$\dot{\varepsilon} = -\frac{2c_0}{l_s}\varepsilon_r \qquad (2.9)$$

$$\sigma = \frac{A_0}{A_s}E_0\varepsilon_t \qquad (2.10)$$

式（2.8）～（2.10）在计算时只用了反射波和透射波，因此称为"二波法"。

2.3 应力均匀性分析

2.3.1 杆-试件相互作用的应力波分析

试件中的应力波来回反射，相互作用比较复杂，然而对于弹性波传播的问题可以利用叠加原理来处理。入射杆中的应力波进入试件端面时，在交界面产生反射和透射，一般入射杆和透射杆都相对于试件足够长，故可以认为入射杆中的反射波及透射杆中来自试件的透射波将无反射传到无穷远，对试件来说，只需要考虑应力波在其内部的来回反射及来自入射杆的透射。

试件一旦受到入射波的作用就会进入加载过程中，愈早达到应力均匀性实验结果愈理想，此时试件处于弹性加载范围内，所以在应力均匀性的分析中，入射杆-试件-透射杆均处于弹性变形状态。图 2.3（a）所示为矩形入射波，图 2.3（b）所示为矩形应力波在试件中传播的示意图，其中 I 和 O 分别为试件的两个端面。

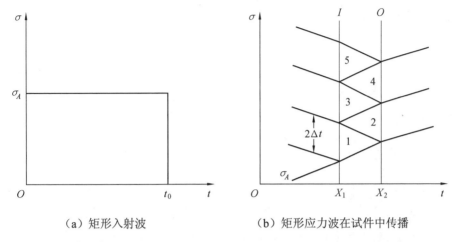

（a）矩形入射波　　　　　　（b）矩形应力波在试件中传播

图 2.3　矩形入射波与入射杆-试件-透射杆系统中弹性波透射-反射过程

假设试件处于一维应力状态中，杆-试件的波阻抗比为 $\beta = \dfrac{\rho_0 c_0 A_0}{\rho c A}$ ，其中 ρ、c、

A 分别为试件的密度、波速和横截面积；ρ_0、c_0、A_0 分别为杆的密度、波速和横截面积。压杆和试件的横截面积相等，当入射应力波为 $\sigma_i(t)$，根据应力波的反射与透射原理，试件左端面 I 处的应力为

$$\sigma_1(t) = \frac{2\beta}{1+\beta}\sigma_i(t) \qquad (0 \leqslant t < 2\Delta t) \tag{2.11}$$

经过 k 次透射-反射后，试件左端面 I 处的应力为

$$\sigma_1(t) = \frac{2\beta}{1+\beta}\sigma_i(t) + \frac{2\beta}{1+\beta}\left[\left(\frac{1-\beta}{1+\beta}\right)^1 + \left(\frac{1-\beta}{1+\beta}\right)^2\right]\sigma_i(t-2\Delta t) +$$

$$\cdots + \frac{2\beta}{1+\beta}\left[\left(\frac{1-\beta}{1+\beta}\right)^{k-1} + \left(\frac{1-\beta}{1+\beta}\right)^k\right]\sigma_i(t-k\Delta t) \qquad (k \leqslant t < (k+2)\Delta t) \tag{2.12}$$

式中，k 为偶数。

试件右端面 O 处的应力为

$$\sigma_2(t) = 0 \qquad (0 \leqslant t < \Delta t) \tag{2.13}$$

经过 k 次透射-反射后，试件右端面 O 处的应力为

$$\sigma_2(t) = \frac{2\beta}{1+\beta}\left[\sigma_i(t-\Delta t) + \left(\frac{1-\beta}{1+\beta}\right)\right]\sigma_i(t-3\Delta t) +$$

$$\cdots + \frac{2\beta}{1+\beta}\left[\left(\frac{1-\beta}{1+\beta}\right)^{k-1} + \left(\frac{1-\beta}{1+\beta}\right)^k\right]\sigma_i(t-k\Delta t) \quad (k \leqslant t < (k+2)\Delta t)$$

（2.14）

式中，k 为奇数。

2.3.2　典型加载情况下的应力均匀性

典型加载波形通常可分为矩形、梯形及斜坡形波。为了衡量霍普金森压杆测试时试件内应力均匀性，引入试件两个端面的无量纲应力差（相对应力差）α_k，$\alpha_k = \Delta\sigma_k / \sigma_k$，应力增量 $\Delta\sigma_k = \sigma_k - \sigma_{k-1}$ 描述经过 k 次透射-反射后试件中两个端面的应力差，σ_k 表示经过多次透射-反射后试件内的应力。如果像 Ravichandran 等[2] 所建议的那样，当 $\alpha_k \leqslant 5\%$ 时，近似认为实践中的应力分布满足了"均匀性"假设。

当入射波为矩形波时，通过式（2.11）～（2.14），能够得出试件两个端面的相对应力差随着试件-压杆波阻抗比 β 和透射-反射次数 k 变化的规律。图 2.4 所示为不同的 β 值（β=1/2，1/6，1/10，1/25，1/100）下计算所得的 α_k 随 k 变化的结果。

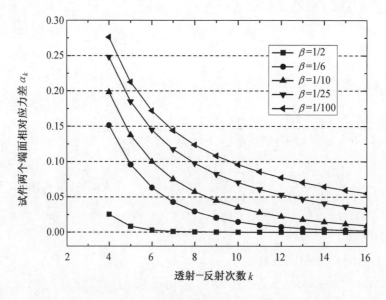

图 2.4　试件两个端面相对应力差随着 β 和 k 的变化（矩形波）

由图 2.4 可知，随试件-压杆阻抗比 β 的减小，试件中的应力波要经过更多次的来回反射过程，才能达到应力均匀化。表 2.1 为在不同的试件-压杆波阻抗比 β 情况下，能够达到应力均匀化应力波来回透射-反射次数 k。对于 $\beta=1/2$，应力波在试件中至少来回反射 4 次，试件才能达到应力均匀化。PBX 炸药中波速大约为 400 m/s，杆中波速大约为 5 200 m/s，因此 $\beta=1/25$，应力波在试件中至少来回透射-反射 13 次试件才能达到应力均匀化，如果试件厚度为 4 mm，应力波在试件中传播大约 130 μs。

表 2.1　不同波阻抗下试件达到应力均匀化所需的透射-反射次数（矩形波）

β	1/2	1/6	1/10	1/25	1/100
k	4	7	9	13	17

应力波为斜坡上升的梯形波，如图 2.5（a）所示，其中上升时间为 τ_0。图 2.6（b）为入射杆-试件-透射杆系统中弹性波透射-反射过程。

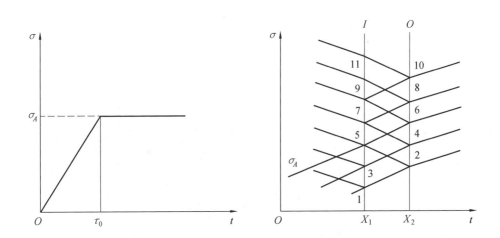

（a）梯形入射波　　　　（b）入射杆-试件-透射杆系统中弹性波透射-反射过程

图 2.5　梯形入射波与入射杆-试件-透射杆系统中弹性波透射-反射过程

当入射波为梯形脉冲，如图 2.6（a）所示，斜坡上升时间为 $\tau_0=2\Delta t$ 时，与矩形波的情况（图 2.4）相反，其 α_k-k 曲线是随波阻抗比 β 的减小而下降的。对于试件-杆的波阻抗比 $\beta\leqslant1/2$，应力波在试件中只需要来回透射-反射 3～4 次，试件就已满足应力均匀性假设。入射波的斜坡上升时间为 $\tau_0 = 3\Delta t$ 和 $\tau_0 = 4\Delta t$，如图 2.6（b）和图 2.6（c）所示，当上升时间为应力波在试件中透射-反射时间的偶数倍数时，明显更加容易达到试件中应力均匀化。

当加载入射波为斜坡形脉冲时，如图 2.7 所示，α_k-k 曲线是随波阻抗比 β 的减小而下降的，但随 β 的减小曲线发生明显的震荡。此外，在本书讨论的 β 范围内，斜坡形应力波在试件中要经过比梯形波更多次数的来回反射，才能使试件满足应力均匀化假设的要求。

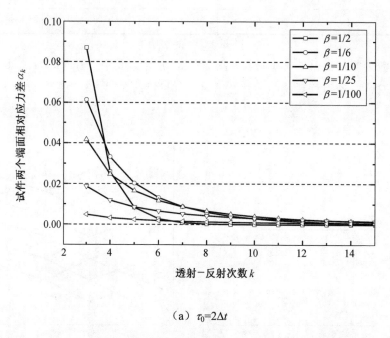

（a）$\tau_0 = 2\Delta t$

图 2.6　试件两个端面应力差 α_k 随着 β 和 k 的变化（梯形波）

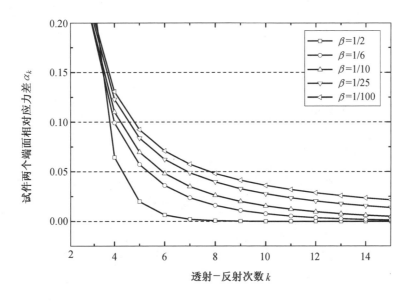

（b）$\tau_0 = 3\Delta t$

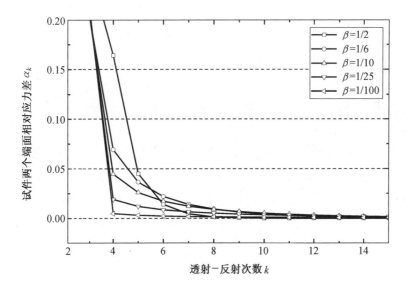

（c）$\tau_0 = 4\Delta t$

续图 2.6

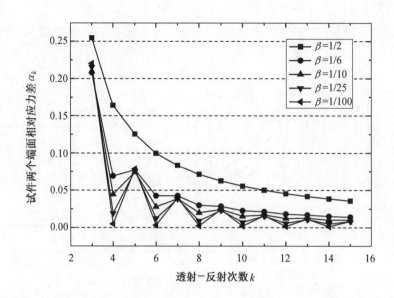

图 2.7　试件两个端面应力差 α_k 随着 β 和 k 的变化（斜坡形波）

对于本书所研究的 PBX 炸药，杆-试件波阻抗比为 $\beta=1/25$。图 2.8 所示为 $\beta=1/25$ 时，入射波的斜坡上升时间 τ_0 分别为 0、Δt、$2\Delta t$、$3\Delta t$、$4\Delta t$、$5\Delta t$、$6\Delta t$ 时的 $\alpha_k - k$ 曲线。表 2.2 给出了 $\beta=1/25$ 时，入射波的斜坡上升时间 τ_0 分别为 0、Δt、$2\Delta t$、$3\Delta t$、$4\Delta t$、$5\Delta t$、$6\Delta t$、$100\Delta t$ 时，试件两个端面达到应力均匀化所需的传透射-反射次数，很显然入射波为梯形波，上升时间为 $2\Delta t$ 和 $4\Delta t$ 时，试件更容易达到应力均匀化，应力波只需要在试件中来回反射 3～4 次。

通过对比结果可知，矩形波已成为最不利于试件达到应力均匀化要求的波形，这也是对入射波进行整形的原因；梯形波始终是最有利于应力均匀化的，并且梯形波的上升时间的变化对应力均匀化的影响不是很大，因此将矩形波整形为梯形波，将更有利于达到应力均匀化。

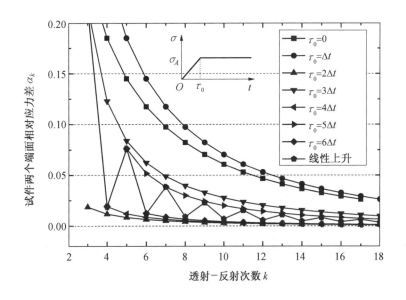

图 2.8　试件两个端面应力差 α_k 随着 τ_0 和 k 的变化（$\beta=1/25$）

表 2.2　不同的上升沿对应试件达到应力均匀化所需的透射-反射次数（$\beta=1/25$）

τ_0	0	$1\Delta t$	$2\Delta t$	$3\Delta t$	$4\Delta t$	$5\Delta t$	$6\Delta t$	$100\Delta t$
k	12	13	3	7	4	7	6	6

2.3.3　常应变率加载

材料动态力学性能的测试中还需要考虑的一个量为应变率，通常 SHPB 测量其应变率为平均应变率，即不同时刻应变率的平均值，这明显为技术上的不足。在建立材料的本构关系时，通常认为应变率为一个定值，因此在 SHPB 测量中要尽可能地获取多的常应变率段，否则实验数据拟合相应本构关系参数时会引入新的误差。另外，实现常应变率加载可以减小横向惯性效应对测量结果的影响，为了获取常应变率加载采取测试-试凑方式。

由上一小节的分析可知，梯形波最为理想，上升段为线性加载，假设入射波上升段为 $\sigma_i=kt$ 时，试件中 O 处（试件左端面）的速度为

$$V_1(t) = \frac{2\beta}{(1+\beta)\rho_0 c_0}\sigma_i(t) \qquad (0 \leqslant t < 2\Delta t) \qquad (2.15)$$

经过 k 次透射-反射后，试件左端面 O 处的速度为

$$V_1(t) = \frac{2\beta}{(1+\beta)\rho_0 c_0}\left\{\sigma_i(t) - \left[\left(\frac{1-\beta}{1+\beta}\right)^1 - \left(\frac{1-\beta}{1+\beta}\right)^2\right]\sigma_i(t-2\Delta t) - \right.$$

$$\left.\cdots - \left[\left(\frac{1-\beta}{1+\beta}\right)^{k-1} - \left(\frac{1-\beta}{1+\beta}\right)^k\right]\sigma_i(t-k\Delta t)\right\} \qquad (k \leqslant t < (k+2)\Delta t)$$

$$(2.16)$$

式中，k 为偶数。

试件中 I 处（试件右端面）的速度为

$$V_2(t) = 0 \qquad (0 \leqslant t < \Delta t) \qquad (2.17)$$

经过 k 次透射-反射后，试件右端面 I 处的速度为

$$V_2(t) = \frac{2\beta}{(1+\beta)\rho_0 c_0}\left\{\left[1 - \left(\frac{1-\beta}{1+\beta}\right)\right]\sigma_i(t) - \right.$$

$$\left.\cdots - \left[\left(\frac{1-\beta}{1+\beta}\right)^{k-1} - \left(\frac{1-\beta}{1+\beta}\right)^k\right]\sigma_i(t-k\Delta t)\right\} \qquad (k \leqslant t < (k+2)\Delta t)$$

$$(2.18)$$

式中，k 为奇数。

试件的应变率为

$$\bar{\dot{\varepsilon}}_1(t) = \frac{2\beta}{(1+\beta)l_0\rho_0 c_0}\sigma_i(t) \qquad (0 \leqslant t < \Delta t) \qquad (2.19)$$

经过 k 次透射-反射后，试件中的应变率为

$$\bar{\dot{\varepsilon}}(t) = \frac{V_1 - V_2}{l_0} = \frac{2\beta}{(1+\beta)\rho_0 c_0 l_0}\left\{\sigma_i(t) - \left[1 - \left(\frac{1-\beta}{1+\beta}\right)\right]\sigma_i(t-\Delta t) - \right.$$

$$\left.\cdots - \left[\left(\frac{1-\beta}{1+\beta}\right)^{k-1} - \left(\frac{1-\beta}{1+\beta}\right)^k\right]\sigma_i(t-k\Delta t)\right\} \qquad (k \leqslant t < (k+1)\Delta t)$$

$$(2.20)$$

图 2.9 所示为入射波上升沿不同斜率下应变率随着应力波在试件中来回透射-反射次数的变化情况，由图可知，当入射波为矩形波时，应变率的跌落太大，效果最不好；当入射波为梯形波时，如果上升时间太短，应变率的跌落也很大，效果不好，但是随着上升时间增加，即上升沿斜率的减小，应变率的跌落也显著变小。对于 PBX 炸药及其黏结剂材料，当入射应力波的上升时间为 $4\Delta t$ 或 $6\Delta t$ 时，试件能够获得常应变率加载。

由式（2.9）可知，衡量试件是否获得常应变率加载的一个重要标志为反射波。如果反射波获得"平台"波，那么试件很显然获得常应变率加载，所以反射波信号能够直观反映应变率，是 SHPB 和 SHTB 动态测试中非常重要的标志。

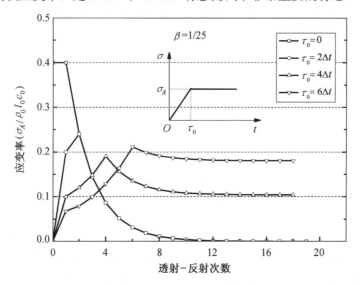

图 2.9　不同入射波下应变率随透射-反射次数的变化曲线

2.4　PBX 炸药的动态压缩力学性能测试

2.4.1　试件尺寸设计

在分离式 SHPB 动态压缩测试中，试件的形状一般采用圆柱体、立方体或者长方体。试件的最大长径比的选择取决于所需要的最大应变率以及能体现材料整体特性的尺寸要求，同时要满足实验技术的两个基本假设。

对于压缩实验，试件的直径一般为杆直径的 80%左右，这样试件横向膨胀到直径等于压杆直径时，轴向真实应变可达到 30%。试件的加工必须保证两个加载面的光洁度，平行度须在 0.01 mm 公差范围内，加载面的加工精度对实现试件达到应力均匀化非常重要。

在 PBX 炸药及其黏结剂的 SHPB 测试中，由于该类材料的强度低、阻抗低，因而其透射应力小。分析尺寸效应对材料应力均匀性的影响，可以从实验技术入手，设计不同尺寸的试件，通过实验测量试件两个端面应力，来分析试件尺寸的影响。石英晶片常用于 SHPB 动态压缩中测量试件两个端面的应力，Karnes 和 Ripperger[3]、Wasley 等[4]和 Togami 等[5]通过在试件两个端面压杆中陷入石英晶片对试件两个端面的应力进行测试，可以实时了解试件两个端面的受力情况，监测试件中应力是否达到了平衡。但是石英晶片比较脆，容易损坏，并且石英压电测试对环境十分敏感，比如环境湿度和洁净度、导电胶的性能等。

PVDF 是一种含氟的热塑性高聚物材料，这种材料经过拉伸极化后具有强压电特性[6-9]。研究表明，PVDF 压电材料作为传感器具有压电系数高、频响高、横向尺寸薄、不需外加电源等优点，非常适合测量材料内部的应力波传播。考虑到阻抗比的匹配，此处选择了铝杆。在实验中为降低端面摩擦效应和减小波的弥散效应选择细长杆，杆的直径为 20 mm、长度为 1 500 mm，因此试件的直径设计为 16 mm，并设计了不同尺寸的厚度，分别为 2 mm、3 mm 和 4 mm。

在试件表面与杆内表面涂上一层很薄的凡士林，用于减小试件与杆的端面摩擦效应，通过利用长度为 300 mm 的撞击杆以一定速度撞击入射杆，通过 PVDF 压力传感器测量试件两个端面的应力。图 2.10（a）所示为试件厚度是 4 mm（长径比为 0.25）时，试件两个端面的应力随时间的变化曲线，显然试件中的应力未达到应力均匀化；图 2.10（b）所示为试件厚度是 3 mm 时，试件两个端面的应力随时间的变化曲线，虽然试件中的应力未达到应力均匀化，但是与图 2.10（a）相比，明显有所改善；图 2.10（c）所示为试件厚度是 2 mm（长径比为 0.125）时，试件两个端面的应力逐渐达到应力均匀化的曲线。随着试件厚度的减小，试件中的应力更加容易达到应力均匀化。

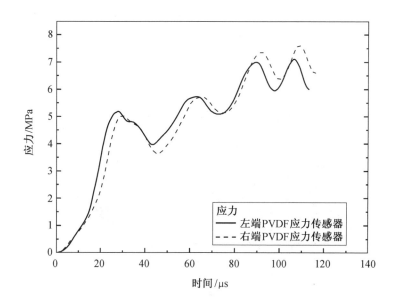

（a）试件厚度为 4 mm

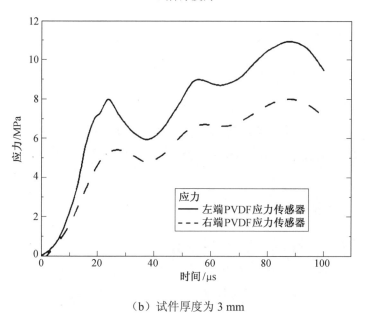

（b）试件厚度为 3 mm

图 2.10　利用传统 SHPB 测量试件两个端面的应力历程曲线

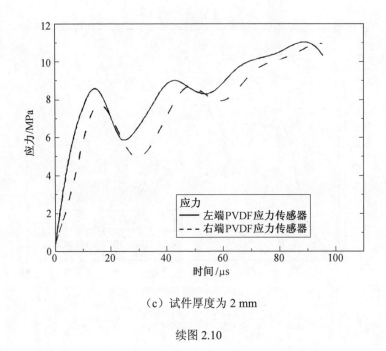

（c）试件厚度为 2 mm

续图 2.10

但是对于软材料，试件加工很薄时试件的平行度不能保证，同时试件太薄，容易失去二维效应，由于端面摩擦力，试件表面会呈现鼓状。因此，在聚合物黏结剂的 SHPB 实验中，试件的尺寸设计为直径为 16 mm、厚度为 2 mm。而对于 PBX 炸药，通过测量两个端面的应力发现，当试件的尺寸直径为 16 mm、厚度为 4 mm 时，两个端面的应力历程曲线逐渐达到应力均匀化，再减小试件厚度发现对实验结果影响很小。因此，在 PBX 炸药的 SHPB 实验中，试件的尺寸设计直径为 16 mm、厚度为 4 mm。

2.4.2　整形技术

传统的 SHPB 动态压缩实验技术采用直接加载，加载波近似为矩形波，上升沿为 10～20 μs，并且波头上叠加了由于直接碰撞引起的高频分量（图 2.11）。根据 2.3 节应力均匀性分析可知，对于金属等高阻抗、高强度材料，应力波波速一般为 5 000 m/s 左右，即使试件厚度超过 10 mm，也能在加载波的上升时间内获得应力均匀性。对于低阻抗、低强度材料，应力波波速不到 1 000 m/s，甚至更低，即使试件很薄，试件获得应力均匀性的时间也大于 20 μs。显然在传统 SHPB 实验中试件不能获得应力均匀性，因此必须很好地设计入射形状，保证试件尽早地获得应力均匀性。此外，还需要整形入射脉冲使得试件能以近似常应变率下变形。

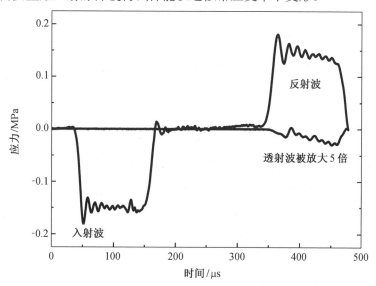

图 2.11　动态压缩实验过程中的未整形信号

　　整形器就是在入射杆前段中心位置处增加一个或者一组材料，使得在撞击杆撞击入射杆时，先撞击整形器，在整形器变形的同时，将加载应力波传入入射杆。整形器的材料一般选取塑性较好的材料，通过其塑性变形来改变入射加载波，有效地平缓加载波中的上升沿，从而获取实验中应变均匀性和应力均匀性，以及常应变率加载。

　　图 2.12 所示为改进后的 SHPB 实验装置，在入射杆前段加了一组整形器，同时在试件的两个端面上加了 PVDF 应力传感器。利用整形器可以实现不同上升时间的加载波，使得试件中的应力很快达到应力均匀化；另外整形器能够使加载波变得光滑，减小了如图 2.11 所示的传统 SHPB 带来的弥散效应。同时利用 PVDF 应力传感器测量试件两个端面的应力，可以直观地监控试件两个端面的应力，以此判断试件是否获得了应力均匀性。在 PBX 炸药及其黏结剂的动态压缩测试中，设计了不同材料、不同尺寸（如橡胶、铅、紫铜）的整形器，通过大量的尝试发现，铅片作为整形器（直径为 6 mm、厚度为 1.3 mm）能够使得 PBX 炸药及其黏结剂尽快达到应力均匀化，同时试件在一个常应变率下均匀变形。

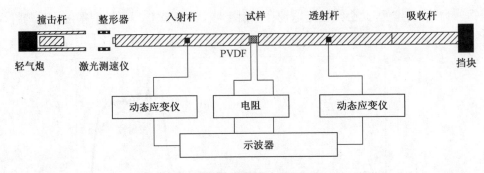

图 2.12　改进后的 SHPB 实验装置

　　图 2.13 所示为 PBX 炸药在整形后的 SHPB 实验中测得的入射波、反射波和透射波。入射波的上升沿变平缓，上升时间明显增加，为试件中应力平衡和变形均匀提供了保障，而且反射波基本出现了一个较长的"平台波"。由图 2.13 可知，入射波等于反射波加透射波，整形器增加了入射波的上升沿，使得开始时刻入射波脉冲很小。PBX 炸药是一种低阻抗材料，透射性能很弱，没有采集到透射波，所以入射波和反射波的起跳位置根据透射波的起跳位置判断。入射波和反射波的时间大约为 200 μs，其中入射波的有效加载时间大约为 150 μs，反射波的"平台波"大约为 100 μs，也就是说 PBX 炸药获得了 100 μs 的常应变率加载。同时由图 2.13 可知，采用整形器以后，原来加载波中由于直接碰撞引起的高频分量已经被过滤掉了，这样减少了波在入射杆中传播的弥散失真。

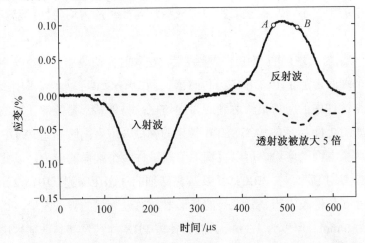

图 2.13　改进后的动态压缩实验过程中的入射波、反射波和透射波

　　图 2.14 所示为利用整形器后 PVDF 应力传感器测得厚度为 2 mm 的黏结剂和厚度为 4 mm 的 PBX 炸药中的两个端面（左、右端面）的应力历程曲线，由图可知，试件左、右端面的应力完全吻合，因此满足了试件应力均匀性条件。

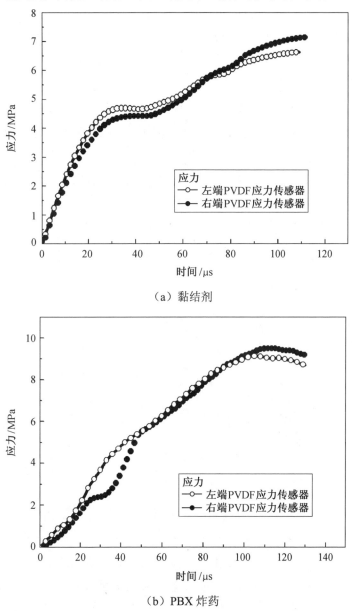

（a）黏结剂

（b）PBX 炸药

图 2.14　利用整形器后的试件两个端面的应力历程曲线

2.4.3　实验结果

采用以上实验方法，对 PBX 炸药及其聚合物黏结剂进行动态冲击压缩实验，该实验方法也可用于测试其他软材料的冲击压缩力学性能。图 2.15 所示为应变率分别为 891 s^{-1}、1 292 s^{-1} 和 2 000 s^{-1} 的 PBX 炸药的应力-应变曲线，其中"X"表示试件产生了宏观可见的损伤，"O"表示试件没有产生宏观可见的损伤，即无损伤。显然 PBX 炸药的应变率效应非常明显。根据 2.4.2 节分析可知，入射波的有效加载时间为 150 μs，所以在 891 s^{-1} 和 1 292 s^{-1} 应变率下，试件没有产生损伤，曲线的峰值不是 PBX 炸药的应力强度；在 2 000 s^{-1} 应变率下，PBX 炸药产生了宏观损伤，所以 PBX 炸药在 2 000 s^{-1} 应变率下，应力强度大约为 19 MPa。如果要获得 PBX 炸药在 891 s^{-1} 和 1 292 s^{-1} 应变率下的应力强度，需要增加撞击杆长度，同时增加入射杆和透射杆的长度。

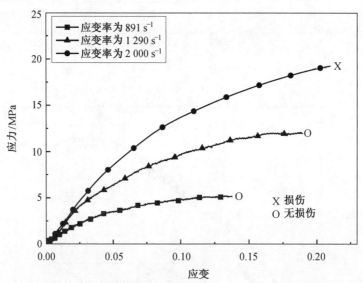

图 2.15　不同应变率下 PBX 炸药动态压缩的应力-应变曲线

回收 PBX 试件如图 2.16 所示，应变率在 462～1 577 s^{-1} 试件没有产生明显的损伤，当应变率大于 2 000 s^{-1} 时，试件产生了损伤。在较低的冲击速度作用下，试件会发生轴向开裂，裂纹垂直于加载方向，裂纹开裂平面与加载方向平行，当冲击速度较高时，试件开裂成块。

（a）未产生明显的损伤　　　　　（b）出现明显的损伤

图 2.16　回收 PBX 试件

　　图 2.17（a）所示为 PBX 炸药试件的应变率历程曲线，常应变率段大约为 100 μs，常应变率段的平均应变率为 2 000 s^{-1}；图 2.17 所示（b）为 PBX 炸药试件的应变历程曲线，由图可知，在 40～140 μs 内试件获得常应变率加载，在 140 μs 后入射波卸载。

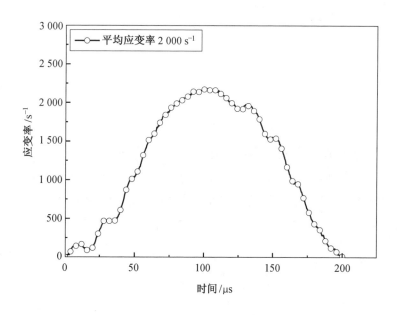

（a）应变率-时间

图 2.17　PBX 炸药试件的典型曲线

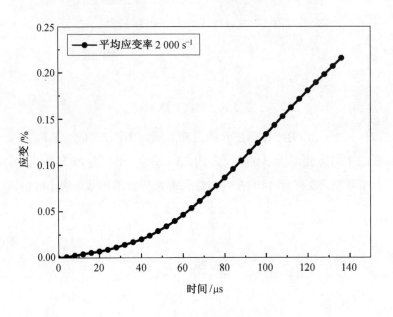

（b）应变–时间

续图 2.17

图 2.18 所示为 PBX 炸药的黏结剂在应变率为 983 s^{-1}、1 625 s^{-1}、2 900 s^{-1}、3 456 s^{-1}、4 138 s^{-1} 和 4 687 s^{-1} 时的应力–应变曲线，从以上的分析中得知，试件在常应变率下均匀变形，并且试件中应力满足应力均匀性的假设条件。显然，随着应变率的变大，黏结剂的力学性能逐渐增加，在应变率为 4 687 s^{-1} 时，聚合物黏结剂的应力强度是 15.5 MPa。回收黏结剂试件如图 2.19 所示，应变率在 983~4 138 s^{-1} 试件没有产生明显的损伤，当应变率为 4 687 s^{-1} 时，试件产生了损伤。

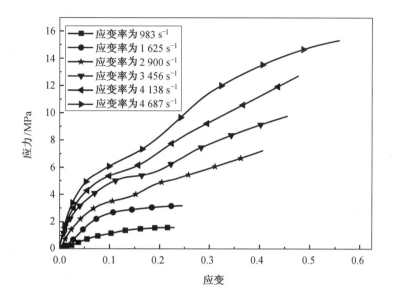

图 2.18　不同应变率下黏结剂动态压缩应力应变曲线

图 2.19　回收黏结剂试件

2.5　PBX 炸药的动态拉伸力学性能测试

2.5.1　试件尺寸设计

采用 2.2.2 节提出的 SHTB 动态拉伸实验装置对 PBX 炸药试件进行单轴拉伸实验，对于 SHTB 实验装置有两个主要的问题：一个是试件与杆的连接方式，常见的连接方式有螺纹连接[10, 11]、铰链连接[12, 13]和装卡连接[14]等；另一个是获取试件中应力均匀性和常应变率加载。螺纹连接常用于合金钢等金属材料，易于加工螺纹；铰链连接常用于复合材料等板材，易于加工通孔；装卡连接常用于金属、混凝土等脆性材料，材料变形小，不易产生大变形而导致脱开。本书研究的 PBX 炸药是一种软材料，不易加工螺纹，而且材料变形较大，不宜采用铰链和装卡方式，因此 SHTB 测试中采用胶接方式连接。

图 2.20 所示为传统的圆柱哑铃型拉伸试件，也称为狗骨头型，试件两端有 5 mm 的过渡段，一方面是因为试件与连接件的胶结面积大，不易在胶结部分断开；另一方面，连接部分到拉伸区域逐渐过渡，不易产生应力集中。实验设计了不同尺寸的过渡区域，发现过渡区域太长应力波传播一次需要的时间较长，不易得到合理的实验结果，过渡区域太短应力集中，容易在过渡区域与拉伸区域连接处断裂，通过大量的实验发现，当过渡区为 5 mm 时，实验结果比较理想。试件的形状主要是指长径比，Staab 等[15]建议一般 SHTB 测试中长径比大于 1.6，但是本书所研究的 PBX 炸药是一种低阻抗、低强度材料，试件太长应力波传播一次所需时间太长，不易达到应力均匀化，所以拉伸区域的直径和长度比为 1。考虑到实验中杆直径与试件直径的匹配，杆与试件的直径应尽可能接近，以防止造成二维效应，因此 PBX 炸药的直径设计为 10 mm，试件的拉伸区域的长度也为 10 mm。

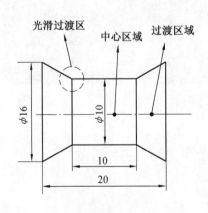

（a）尺寸示意图

（b）实物照片

图 2.20　圆柱哑铃型拉伸试件

PBX 炸药的动态拉伸实验中，将设计好的试件与连接头胶接，连接头如图 2.21 所示，连接头和加载杆的连接采用螺纹连接。此处设计了不同长度的连接头，发现连接头的长度对实验结果的影响不大，所以选取了图 2.21（a）的设计。试件与连接头的粘接是 PBX 炸药拉伸中关键的一步，需要选用高强度的特种胶粘接，加大粘接面积，必须对粘接面进行预处理，保证粘接层均匀无气泡。

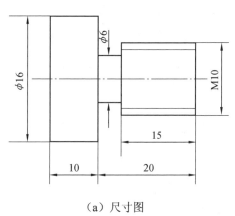

（a）尺寸图

（b）实物照片

图 2.21 连接头

在 SHTB 动态拉伸装置中，加载杆也是关键的部件，加载杆通常由高屈服强度、高弹性模量的特种合金钢制成，其杨氏模量为 210 GPa。撞击杆长度选用 300 mm，未加整形器产生的入射波长度为 120 μs，入射杆和透射干的长度为 1 200 mm，防止入射波和反射波叠加，将应变片粘贴于杆中间部位。同时应该保证在高速冲击中，杆处于线弹性状态，为了获取准确和良好的信号，加载杆一定保证高直线度，表面光滑。

SHTB 实验中的关键问题也是应力均匀性和常应变率加载，通过之前的分析，得知矩形波不易达到应力均匀性，因此需要进行入射波整形。在 SHTB 测试中，整形器用橡胶垫，厚度为 2 mm，图 2.22 所示为整形后 SHTB 动态拉伸测量 PBX 炸药的入射波、反射波和透射波示意图，由图可知，PBX 炸药获得了常应变率加载。

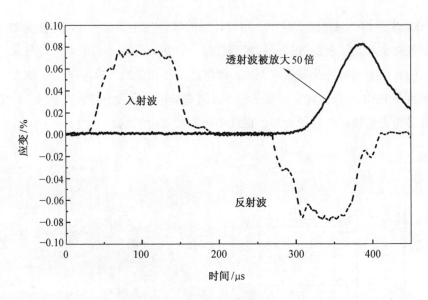

图 2.22 整形后 SHTB 动态拉伸测试中典型信号

图 2.23 所示为 SHTB 动态拉伸测试回收的 PBX 炸药试件，试件断口为脆性断裂，通过大量实验发现，大多数试件在试件拉伸区中部断裂，其中个别试件产生了两个损伤断面，从侧面也验证了试件的应力均匀性。

图 2.23　SHTB 动态拉伸测试回收的 PBX 炸药试件

2.5.2　实验结果

图 2.24 所示为 PBX 炸药在不同应变率下动态拉伸的应力-应变曲线，应变率分别是为 278 s^{-1}、490 s^{-1}、750 s^{-1}，当应变率大于 750 s^{-1} 时，PBX 炸药产生了宏观损伤。由图 2.24 可知，在不同应变率下 PBX 炸药的动态拉伸力学性能差别很大，也

就是说，PBX 炸药的应变率影响非常显著。随着应变率的增大，PBX 炸药的动态拉伸力学性能逐渐增强。从 PBX 炸药的断口 SEM 电镜扫描发现，PBX 炸药在高应变率下的断裂方式为脆性断裂，主要的损伤模式为黏结剂与颗粒的界面开裂。这与 PBX 炸药动态压缩损伤模式存在差异，而 PBX 炸药在冲击压缩加载情况下，主要的损伤模式是颗粒开裂。

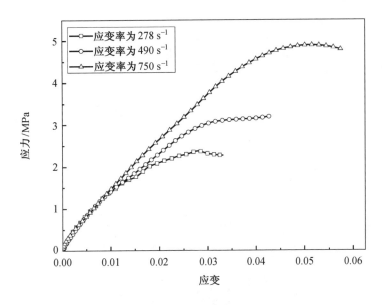

图 2.24　PBX 炸药在不同应变率下动态拉伸的应力-应变曲线

2.6　PBX 炸药多轴加载条件下的动态压缩力学性能

2.6.1　装置及其原理

为了研究 PBX 炸药多轴载荷下的动态力学性能，本书在 SHPB 动态压缩装置的基础上又设计了被动围压实验装置。图 2.25 所示为被动围压实验装置图，图 2.26 所示为被动围压套筒装置示意图。试件外径尺寸的公差采用基孔制，控制在 20.0 mm±0.02 mm，厚度为 10 mm；套筒材料选用弹性模量为 73 GPa 的铝，厚度为 2 mm，长度为 14.00 mm±0.05 mm；套筒与入射杆和透射杆均采用滑动配合，内径为 20.00 mm± 0.05 mm。

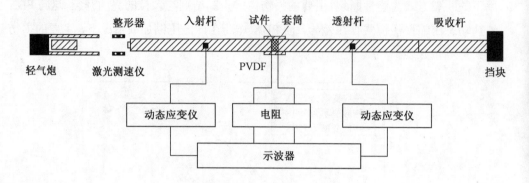

图 2.25　被动围压实验装置图

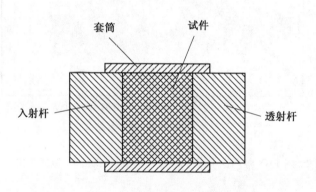

图 2.26　被动围压套筒装置示意图

在冲击压缩载荷的作用下，试件会产生径向膨胀，由于套筒的作用会限制试件的径向膨胀，从而实现了被动围压加载，通过套筒上的应变片可以测到径向动态响应。

撞击杆长度为 300 mm，采用一级轻气炮不同的气压来控制冲击加载速度，主要测试出 PBX 炸药试件在不同冲击加载条件下的径向应力和轴向应力历程曲线及轴向平均应变率等。

PBX 炸药围压试件与套筒装配应保证无明显间隙，且保证试件在套筒中不能滑动。根据实验提供的配合尺寸严格制成的 PBX 炸药试件能与套筒很好地配合，同时在试件表面涂抹润滑油，一方面可以起到试件与套筒之间的润滑作用，减小摩擦力，另一方面可以形成油膜，传递应力。

入射杆和透射杆上的应变片记录了入射波、反射波和透射波的波形，根据 SHPB 动态压缩实验数据处理方式可得到试件的轴向应力-应变曲线。套筒外壁的应变片记录了径向脉冲波形，可算得套筒外壁环向应变 ε_r，利用厚壁筒理论可由 ε_r 求得圆筒内壁的压力 p_r 以及套筒内壁的径向位移 U_r。

根据厚壁筒理论，可知

$$p_r = \frac{R_2^2 - R_1^2}{2R_1^2} E_T \varepsilon_r \tag{2.21}$$

$$U_r = \frac{R_1 \varepsilon_r}{2}\left[(1-\upsilon_T)+(1+\upsilon_T)\frac{R_2^2}{R_1^2}\right] \tag{2.22}$$

式中，R_1 和 R_2 分别为套筒的内、外半径；E_T 为套筒的弹性模量；υ_T 为套筒的泊松比。

该实验可以认为套筒内壁与试件紧密结合的，由界面平衡条件可知，试件所受的围压应力 σ_{rr} 和径向应变 ε_{rr} 分别为

$$\sigma_{rr} = p_r = \frac{R_2^2 - R_1^2}{2R_1^2} E_T \varepsilon_r \tag{2.23}$$

$$\varepsilon_{rr} = \frac{\varepsilon_r}{2}\left[(1-\upsilon_T)+(1+\upsilon_T)\frac{R_2^2}{R_1^2}\right] \tag{2.24}$$

试件的轴向正应力和正应变通过 SHPB 动态压缩实验的理论公式求得，即为式（2.8）～（2.10）。

2.6.2　实验结果

图 2.27 所示为典型的被动围压实验装置测量得到的信号，试件获得了恒应变率加载。图 2.28 所示为试件两个端面的应力历程曲线，由图可知，试件中的应力达到了应力均匀化，因此试件满足 SHPB 动态压缩实验中应力均匀性的假设条件。

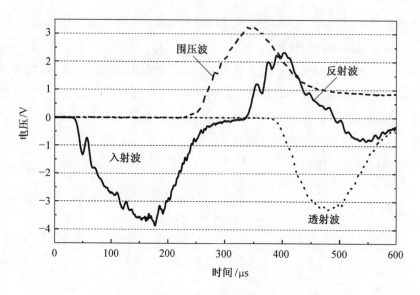

图 2.27　被动围压实验装置测量得到的信号

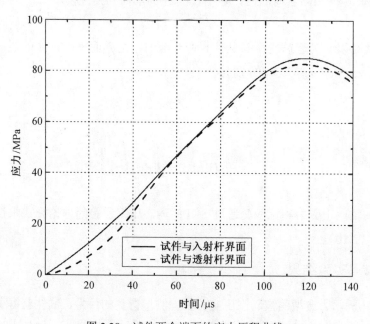

图 2.28　试件两个端面的应力历程曲线

　　图 2.29 所示为 PBX 炸药的轴向应力-应变曲线，由图可知，在围压条件下，试件的轴向变形较小，在相同应变率下，试件中的轴向应力明显增大。图 2.30 所示为

PBX 炸药在应变率为 365 s^{-1} 时轴向-径向应力的对应关系，从图中可以看出，试件所受的轴向应力与径向应力呈线性关系。

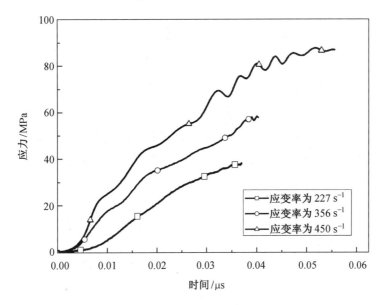

图 2.29　PBX 炸药的轴向应力-应变曲线

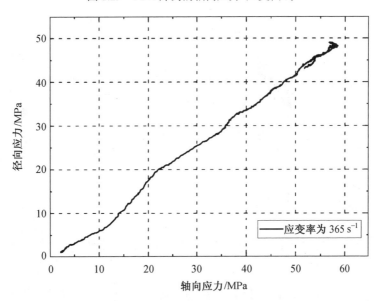

图 2.30　PBX 炸药在应变率为 365 s^{-1} 时的轴向-径向应力曲线

图 2.31 所示为 PBX 炸药在被动围压实验中轴向应力与径向应力的历程曲线，注意，这里的峰值点并不代表试件的破坏，而是加载的结束造成的。PBX 炸药在单轴无约束下的动态响应主要为黏弹性变形，径向开裂而破坏，裂纹方向垂直于加载面，加载速度越快，试件破碎程度越严重。当撞击杆速度增加到一定程度后，PBX 炸药开裂成小块。对于围压状态，侧向约束严重抑制了轴向裂纹的生成，从而使 PBX 炸药表现出明显的弹性变形和塑性变形，轴向变形减小很多。如图 2.31 所示，当应变率增大时，轴向应变响应增加，主要原因是在该应力下发生了颗粒破碎。被动围压实验结果表明，随着应变率的增加，该 PBX 炸药试样轴向应力和径向应力均提高；围压状态下 PBX 炸药承受的应力远高于无围压状态，变形由韧性向塑性转变，试件未发生明显的破坏。

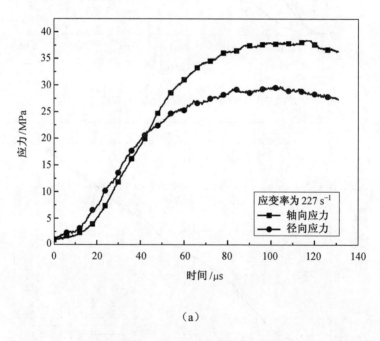

（a）

图 2.31　PBX 炸药不同应变率下的轴向应力与径向应力历程曲线

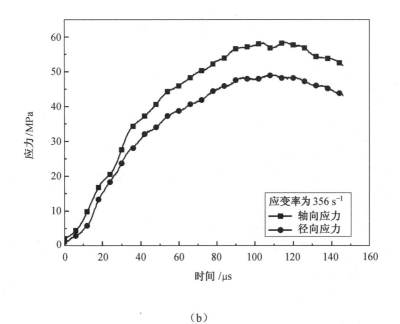

（b）

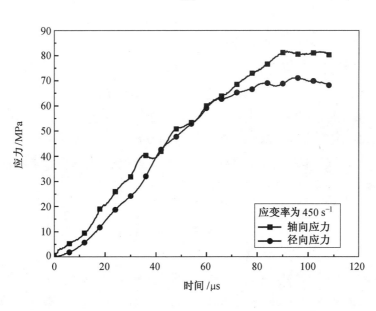

（c）

续图 2.31

2.7 本章小结

本章研究了一种新型高黏结剂 PBX 炸药的动态力学性能，为了保证实验结果的合理性，利用应力波传播理论对霍普金森杆实验技术的基本假设和测试过程中的应力均匀性及常应变率做了详尽的研究，设计了试件尺寸厚度和整形器。通过 SHPB 动态压缩和 SHTB 动态拉伸实验，得到不同应变率下 PBX 炸药的动态压缩、拉伸力学性能。通过被动围压实验，研究了 PBX 炸药试样在被动围压加载条件下的力学响应。可以得到如下结论：

（1）在 SHPB 动态压缩和 SHTB 动态拉伸实验中，只要合理地设计试件尺寸和整形器材料及尺寸，对于高黏结剂 PBX 炸药（低强度、低模量的材料）也能获得应力均匀性和常应变率加载。

（2）动态压缩和拉伸实验结果表明，随着试件应变率的增加，该 PBX 炸药及其黏结剂的单轴压缩、拉伸强度提高。被动围压实验结果表明，随着应变率的增加，该 PBX 炸药试件轴向应力和围压应力均提高；围压状态下 PBX 炸药承受的应力远高于无围压状态，变形由韧性向塑性转变，试件未发生明显的破坏。

（3）对比相同应变率下的 PBX 炸药的单轴动态压缩、拉伸力学性能，发现 PBX 炸药的动态拉伸、压缩强度和模量等存在差异。PBX 炸药的压缩强度比拉伸强度大几倍。压缩和拉伸下 PBX 炸药的力学行为存在的差异与材料的细观破坏机制有关系。在压缩条件下，颗粒、黏结剂及黏结剂与颗粒的界面决定了 PBX 炸药的力学性能；在拉伸条件下，主要是黏结剂和颗粒与黏结剂的黏结强度决定了 PBX 炸药的拉伸力学性能。

本章参考文献

[1] ZHANG Q B, ZHAO J. A review of dynamic experimental techniques and mechanical behaviour of rock materials [J]. Rock mechanics & rock engineering, 2014, 47(4): 1411-1478.

[2] RAVICHANDRAN G, SUBHASH G. Critical appraisal of limiting strain rates for

compression testing of ceramics in a split Hopkinson pressure bar [J]. Journal of the American ceramic society, 1994, 77(1): 263-267.

[3] KARNES C H, RIPPERGER E A. Strain rate effects in cold worked high-purity aluminium [J]. Journal of the mechanics & physics of solids, 1966, 14(2): 75-88.

[4] WASLEY R J, HOGE K G, CAST J C. Combined strain gauge-quartz crystal instrumented hopkinson split bar [J]. Review of scientific instruments, 1969, 40(7): 889-894.

[5] TOGAMI T C, BAKER W E, FORRESTAL M J. A split hopkinson bar technique to evaluate the performance of accelerometers [J]. Journal of applied mechamics, 1996, 63(2): 353-356.

[6] GRAHAM R, ANDERSON M, HORIE Y, et al. Pressure measurements in chemically reacting powder mixtures with the Bauer piezoelectric polymer gauge [J]. Shock waves, 1993, 3(2): 79-82.

[7] BAUER F. PVDF shock sensors: applications to polar materials and high explosives [J]. IEEE transactions on ultrasonics, ferroelectrics and frequency control, 2000, 47(6): 1448-1454.

[8] CHU B, ZHOU X, NEESE B, et al. Relaxor ferroelectric poly (vinylidene fluoride-trifluoroethylene-chlorofluoroethylene) terpolymer for high energy density storage capacitors [J]. IEEE transactions on dielectrics and electrical insulation, 2006, 13(5): 1162-1169.

[9] DAI C, EAKINS D, THADHANI N. Dynamic densification behavior of nanoiron powders under shock compression [J]. Journal of applied physics, 2008, 103(9): 093503.

[10] 胡时胜, 邓德涛, 任小彬. 材料冲击拉伸实验的若干问题探讨 [J]. 实验力学, 1998(1): 10-15.

[11] NICHOLAS T. Tensile testing of materials at high rates of strain [J]. Experimental mechanics, 1981, 21(5): 177-185.

[12] HUH H, KANG W, HAN S. A tension split Hopkinson bar for investigating the dynamic behavior of sheet metals [J]. Experimental mechanics, 2002, 42(1): 8-17.

[13] GILAT A, SCHMIDT T E, WALKER A L. Full field strain measurement in compression and tensile split hopkinson bar experiments [J]. Experimental mechanics, 2009, 49(2): 291-302.

[14] OWENS A T, TIPPUR H V. A tensile split Hopkinson bar for testing particulate polymer composites under elevated rates of loading [J]. Experimental mechanics, 2009, 49(6): 799-811.

[15] STAAB G, GILAT A. A direct-tension split Hopkinson bar for high strain-rate testing [J]. Experimental mechanics, 1991, 31(3): 232-235.

第3章　PBX炸药的黏弹性动态力学行为研究

3.1　引　　言

本书研究的PBX炸药为一类高黏结剂炸药,具有良好弹性和韧性,能够产生很大的变形,动态力学行为更多地体现了聚合物黏结剂的黏弹性而非含能颗粒的弹脆性。根据黏弹性理论,材料的本构关系可以分为线性黏弹性和非线性黏弹性。对于线性弹性本构关系通常应用弹性元件和黏性元件及其组合的形式来建立,这种方法简单,为工程师们所广泛采用。

本章主要介绍黏弹性材料的基本特性和理论体系;基于时间-温度等效原理,通过不同温度下的压缩和拉伸应力松弛实验得到PBX炸药和聚合物黏结剂的压缩和拉伸松弛主模量曲线,为PBX炸药的本构关系研究奠定基础;利用Prony级数建立PBX炸药的黏弹性本构关系,通过数值模拟和实验结果比较的方法,验证所建立的本构关系的正确性。

3.2　黏弹性特性和理论

3.2.1　黏弹性特性

黏弹性材料存在两种典型的力学行为:蠕变和应力松弛。蠕变是指在载荷不变的情况下,材料形变随着时间逐渐增大的过程。不同的材料在不同的条件下蠕变不相同,聚合物材料的蠕变特性非常明显。在恒定的应变下,材料应力随着时间的逐渐减小的过程称为应力松弛,材料在刚开始松弛的过程中应力衰减较快。蠕变和应力松弛是黏弹性材料两个基本的特性,除了这些特性外还有率相关性。分析黏弹性材料的力学响应与载荷速率的关系,需要研究不同的载荷速度下材料的力学响应过程。通过大量的实验研究发现,随着应变率的增加,大多数材料的力学响应幅值增大，破坏应力也有明显的提高。

常见的黏弹性力学模型有麦克斯韦模型、开尔文模型、广义麦克斯韦模型和广义开尔文模型等，这些模型中以微分形式描述，称为微分型本构模型[1]；以积分形式描述，称为积分型本构模型。

3.2.2　广义麦克斯韦模型

图 3.1 所示为多个麦克斯韦模型并联，称为广义麦克斯韦模型（Generalized Maxwell model, GMM）[2]。

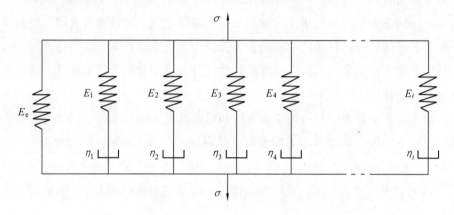

图 3.1　广义麦克斯韦模型

由图 3.1 可知：

$$\varepsilon = \varepsilon_1 = \varepsilon_2 = \cdots = \varepsilon_i \tag{3.1}$$

$$\sigma = \sigma_1 + \sigma_2 + \cdots + \sigma_i \tag{3.2}$$

式中，σ_i 和 ε_i 分别为第 i 个麦克斯韦单元的应力和应变。

单个麦克斯韦模型及其微分方程为

$$\dot{\varepsilon} = \frac{\dot{\sigma}_i}{E_i} + \frac{\sigma_i}{\eta_i} \tag{3.3}$$

式中，E_i 为第 i 个弹簧的弹性系数；η_i 为第 i 个黏壶的黏性系数。采用微分算子 $D = \dfrac{\partial \sigma}{\partial t}$ 表示为

$$\sigma_i = \eta_i \dot{\varepsilon} - \eta_i \frac{D}{E_i} \tag{3.4}$$

广义麦克斯韦模型可以表示为

$$\sum_{k=0}^{m} p_k \frac{\mathrm{d}^k \sigma}{\mathrm{d}t^k} = \sum_{k=0}^{n} q_k \frac{\mathrm{d}^k \varepsilon}{\mathrm{d}t^k} \tag{3.5}$$

式中，p_k 和 q_k 为材料参数。式（3.5）可以表示为

$$\mathbf{P}\sigma = \mathbf{Q}\varepsilon \tag{3.6}$$

式中，微分算子

$$\mathbf{P} = \sum_{k=0}^{m} p_k \frac{\mathrm{d}^k}{\mathrm{d}t^k}; \quad \mathbf{Q} = \sum_{k=0}^{n} q_k \frac{\mathrm{d}^k}{\mathrm{d}t^k} \tag{3.7}$$

将式（3.4）进行 Laplace 变换可得

$$\bar{\sigma}_i = \frac{E_i \eta_i s}{E_i + \eta_i s} \bar{\varepsilon} \tag{3.8}$$

在 Laplace 变换域内，对于广义麦克斯韦模型，其总应力 $\bar{\sigma}$ 等于各麦克斯韦单元应力之和，即

$$\bar{\sigma} = \sum_{i=1}^{n} \bar{\sigma}_i = \sum_{i=1}^{n} \frac{E_i \eta_i s}{E_i + \eta_i s} \bar{\varepsilon} \tag{3.9}$$

为了得到松弛模量，考虑 $\varepsilon(t) = \varepsilon_0 H(t)$ 的作用，并将 $\bar{\varepsilon}(s) = \varepsilon_0 / s$ 代入式（3.9），进行 Laplace 逆变换，可得应力响应为

$$\sigma(t) = \varepsilon_0 \sum_{i=1}^{n} E_i \exp\left(-\frac{t}{\tau_i}\right) \tag{3.10}$$

式中，$\tau_i = \dfrac{\eta_i}{E_i}$。

多个麦克斯韦模型并联，松弛模量 $E(t)$ 为

$$E(t) = \sum_{i=1}^{n} E_i \exp\left(-\frac{t}{\tau_i}\right) \tag{3.11}$$

若将一个弹簧与多个麦克斯韦模型并联，考虑到 $\varepsilon(t) = \varepsilon_0 H(t)$ 的作用，可得到其

应力响应为

$$\sigma(t) = \varepsilon_0 \left[E_e + \sum_{i=1}^{n} E_i \exp\left(-\frac{t}{\tau_i}\right) \right] \tag{3.12}$$

式（3.12）为微分型广义麦克斯韦本构关系。

松弛模量 $E(t)$ 可写为

$$E(t) = E_e + \sum_{i=1}^{n} E_i \exp\left(-\frac{t}{\tau_i}\right) \tag{3.13}$$

式中，E_e 为平衡模量。当 $n \to \infty$，即并联无数个麦克斯韦单元时，τ 则从零到无穷大。τ 与 $\tau + d\tau$ 之间，弹性元件参量可表示为 $E = F(\tau)d\tau$，因此，有

$$E(t) = E_e + \lim_{n \to \infty} \sum_{i=1}^{n} E_i e^{-\frac{t}{\tau_i}} = E_e + \int_0^{\infty} F(\tau) e^{-\frac{t}{\tau}} d\tau \tag{3.14}$$

常采用对数坐标表示为

$$E(t) = E_e + \int_{-\infty}^{+\infty} H(\tau) e^{-\frac{t}{\tau}} d(\ln \tau) \tag{3.15}$$

式中，$H(\tau)d(\ln \tau)$ 表示 $\ln \tau$ 到 $\ln \tau + d(\ln \tau)$ 之间多刚性的贡献，$H(\tau)$ 称为松弛时间谱。式（3.15）为松弛时间谱表示的模量函数，是松弛模量的积分表达式。

根据 Bolzmann 叠加原理[1]，可知广义麦克斯韦模型的积分型表达式为

$$d\varepsilon(t_i) = \frac{d\varepsilon(t)}{dt}\bigg|_{t=t_i} d\tau \tag{3.16}$$

于是，t 时刻的应力响应写作

$$\sigma(t) = E(t)\varepsilon_0 + \int_0^t E(t - \tau) \frac{d\varepsilon(\tau)}{d\tau} dt = \int_0^t E(t - \tau) \frac{d\varepsilon(\tau)}{d\tau} dt \tag{3.17}$$

式中，拉压松弛模量 $E(t)$ 为

$$E(t) = E_e + \sum_{i=1}^{n} E_i e^{-\frac{t}{\tau_i}} \tag{3.18}$$

3.3　黏弹性特性研究——主松弛模型的时间和温度依赖性

3.3.1　实验原理

1. 松弛模量

通过 PBX 炸药和黏结剂的应力松弛实验可以方便地获得应力松弛曲线，但是现实中无法获得如图 3.2（a）所示的阶跃应变。因此，应力松弛实验是将试件以某一应变率拉伸或者压缩 t_0 时间后，使得应变达到 ε_0 并保持该应变一段时间 τ，实时记录材料的应力响应，实际应变加载过程如图3.2（b）所示。

由于应变上升时间 t_0 很短，相对于材料的应力松弛时间 τ 很小，可以忽略不计，因此松弛模量可表示为

$$E(t) = \frac{F(t)(1+\varepsilon_0)}{A_0 \varepsilon_0} \tag{3.19}$$

式中，$E(t)$ 为松弛模量；$F(t)$ 为应力传感器测得的力；A_0 为试件的初始截面积；ε_0 为松弛应变水平。

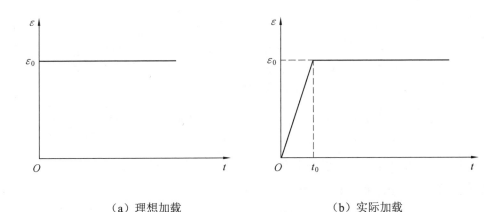

（a）理想加载　　　　　　　　　　　（b）实际加载

图 3.2　应力松弛实验的加载

2. 时间–温度等效原理

时间–温度等效原理是指对于聚合物材料在不同的作用时间下，或在不同的温度下都可显示出一样的力学状态，表明时间和温度对高聚物力学松弛过程可以等效处理，说明时间和温度对黏弹性的影响具有某种等效的过程。

采用同一对数坐标描述不同温度下材料的松弛模量与时间的关系，选取 T_0 作为参考温度，将对应于温度 T 下的模量曲线随对数时间轴平移至与参考温度 T_0 下的曲线重合位置，需要移动的量记为 α_T，称为温度转移因子。

如图 3.3 所示的不同温度下松弛模量–时间曲线，温度升高时的 $E(t)$，相当于参考温度 T_0 时所得曲线沿对数时间减小方向移动 $\lg \alpha_T$，即

$$E(T,t) = E\left(T_0, \frac{t}{\alpha_T}\right) = E(T_0, \lg t - \lg \alpha_T) \qquad (3.20)$$

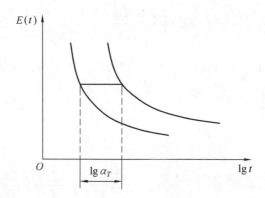

图 3.3　不同温度下的松弛模量–时间曲线

第一个等式说明时间–温度是等效的，第二个等式说明时间标度的改变体现在对数坐标值中有一个移动量。

时间–温度等效原理[3]可以缩减聚合物材料的黏弹性能测试。聚合物材料的力学性能通常利用松弛模量–时间–温度的关系描述。

根据实验结果，Williams、Landel 和 Ferry[3, 4]发现在玻璃化转变温度附近，几乎所有的非晶态高聚合物，其温度转移因子是温度的函数，转移因子 $\lg \alpha_T$ 与（$T-T_0$）之间的关系满足方程

$$\lg \alpha_T = \frac{-C_1(T - T_0)}{C_2 + (T - T_0)} \tag{3.21}$$

式中，C_1 和 C_2 为材料常数。式（3.21）即为 WLF 方程，在温度介于 $T_g \sim (T_g+100)$ ℃ 范围内适用。

3.3.2　应力松弛实验

1. 实验设备和试件尺寸

PBX 炸药及其黏结剂的应力松弛模量测试在 Zwick Roell 万能实验机上进行。松弛模量的测试分为拉伸松弛模量和压缩松弛模量，实验中使用 Micro 引伸计准确测量标距的应变，分辨率为 0.3 μm。PBX 炸药及其黏结剂的拉伸松弛模量试件尺寸设计参考《复合固体推进剂单向拉伸应力松弛模量及主曲线测定方法》（QJ 2487—1993），试件实物图及几何尺寸示意图如图 3.4 所示；PBX 炸药及其黏结剂压缩松弛模量试件尺寸的设计参考《火药试验方法》（GJB 770B—2005），试件尺寸为（ϕ29 mm±0.5 mm）×（12 mm±0.5 mm）（图 3.5）。

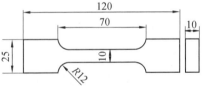

（a）实物图　　　　　　　　　（b）几何尺寸示意图

图 3.4　拉伸松弛模量测试试件

图 3.5　压缩松弛模量测试试件

2. 实验方法

一般情况下，拉伸、压缩松弛模量的实验条件分别按表 3.1 和表 3.2 规定进行实验。利用 Zwick Roell 万能实验机分别在 $-70\ ℃$、$-60\ ℃$、$-50\ ℃$、$-40\ ℃$、$-30\ ℃$、$-20\ ℃$、$-10\ ℃$、$0\ ℃$、$20\ ℃$、$40\ ℃$ 和 $60\ ℃$ 下进行应力松弛实验，每种条件下松弛实验重复 5 次，结果取其平均值。

表 3.1　拉伸应力松弛模量实验条件

相对湿度/%	拉伸速度/(mm·min^{-1})	初始恒定应变/%	预载荷/N	松弛时间/s
≤70	100	5	2	1 800

表 3.2　压缩应力松弛模量实验条件

相对湿度/%	压缩速度/(mm·min^{-1})	初始恒定应变/%	预载荷/N	松弛时间/s
≤70	100	5	4	1 800

3.3.3　实验数据处理与结果

1. 温度偏移因子的确定

根据不同温度下的应力松弛实验数据，将松弛模量和松弛时间取对数，绘出如图 3.6 所示不同温度下的 $\lg[E(t)]$-$\lg t$ 曲线。首先选定 T_0 作为参考温度，将其他温度下对数松弛模量曲线平移至 T_0 温度下，可以绘制 T_0 温度下的主松弛模量曲线，并通过作图法求出温度转移因子对数值 $\lg \alpha_T$，具体过程如下：

（1）在每条曲线上能叠加的近似直线段部分选取三个点，如 a、b、c 三点。

（2）求出三点平移的水平距离，如图 3.6 中 $\overline{aa'}$、$\overline{bb'}$ 和 $\overline{cc'}$，根据 $\lg \alpha_T = (\overline{aa'} + \overline{bb'} + \overline{cc'})/3$，可以得到温度转移因子的对数值。

（3）重复以上两个步骤，可以将任意温度下的 $\lg[E(t)]$-$\lg t$ 曲线平移至参考温度下，得到参考温度下的主松弛模量曲线及相应的 $\lg \alpha_T$。

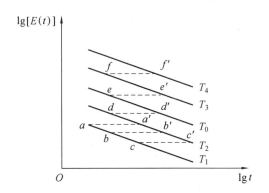

图 3.6　不同温度下的 lg [$E(t)$]–lg t 曲线

2. 松弛主模量曲线

根据前述温度偏移因子的确定，用图解法求得的 T_0=20 ℃时的主模量曲线和 lg α_T-T 曲线。图 3.7 所示为 PBX 炸药和黏结剂的拉伸松弛主模量曲线。

图 3.8 所示为拉伸主模量曲线对应的 lg α_T-T 曲线，由图 3.7 获得 lg α_T，通过最小二乘法能够拟合获得 C_1 和 C_2。图 3.9 所示为 PBX 炸药和黏结剂的压缩松弛主模量曲线。图 3.10 所示为压缩主模量曲线对应的 lg α_T-T 曲线。

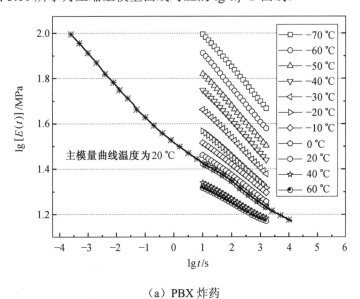

（a）PBX 炸药

图 3.7　拉伸松弛主模量曲线

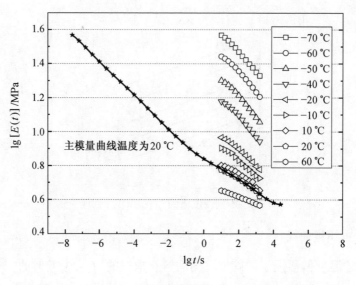

（b）黏结剂

续图 3.7

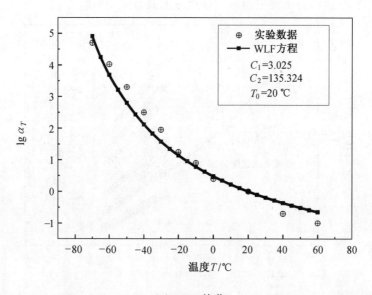

（a）PBX 炸药

图 3.8 拉伸主模量曲线对应的 lg α_T-T 曲线

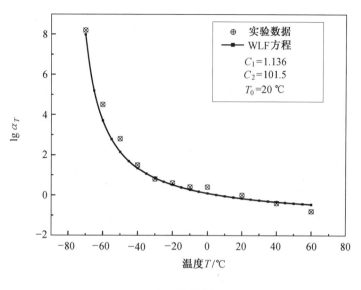

（b）黏结剂

续图 3.8

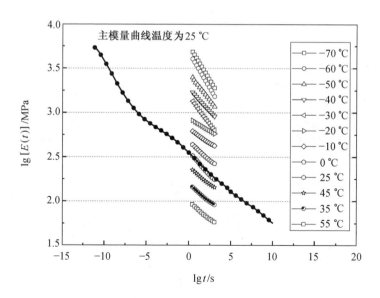

（a）PBX 炸药

图 3.9　压缩松弛主模量曲线

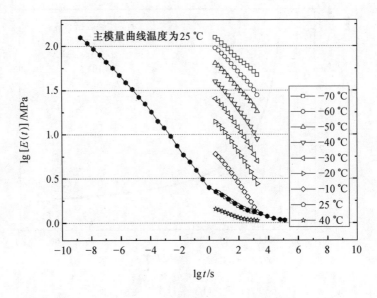

（b）黏结剂

续图 3.9

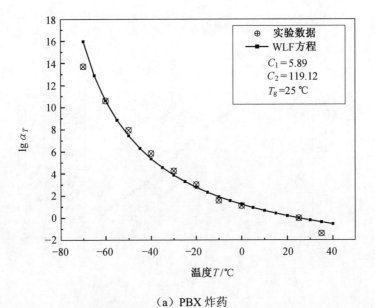

（a）PBX 炸药

图 3.10 压缩主模量曲线对应的 lg α_T-T 曲线

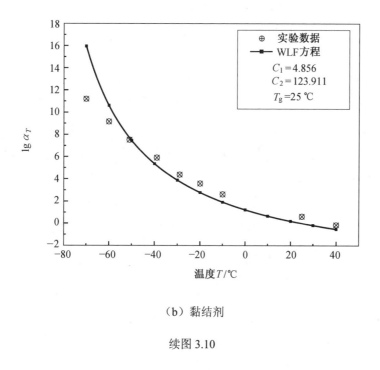

（b）黏结剂

续图 3.10

3.4　主模量曲线的指数级数表达式

3.4.1　基于 Prony 级数的数值方法

一般情况下，对于黏弹性材料需要通过一个对数数学表达式来描述材料的主模量曲线。一个相对简单的方法是利用足够多的麦克斯韦模型或开尔文模型单元建立很广的松弛时间谱。3.2 节介绍过，多个麦克斯韦模型并联或者串联可以表达材料的松弛或蠕变行为。

广义麦克斯韦模型的松弛模量为

$$E(t) = \sum_{i=1}^{N} E_i \mathrm{e}^{-\frac{t}{\tau_i}} \qquad （3.22）$$

显然式（3.22）存在 $2n$ 个未知数，通过实验数据，建立 $2n$ 个方程，求解这个线性方程组。这种方法只是从一个广泛的拟合离散数据点到主曲线，不会产生一个平滑的曲线。为了获得一个数学表达式拟合整个主曲线的实验数据，人们研究了大量的方法，在下一节中将会介绍。

由实验得到的松弛模量数据，在进行本构关系分析之前，首先需要根据实验得到的松弛模量来确定松弛模量表达式中的系数、指数及阶数。高聚物的力学行为可以分为玻璃态、黏弹态、橡胶态和黏流态。图 3.11 所示为选择 1 单元、2 单元和 5 单元模型拟合的主模量曲线，图 3.11 中曲线参数来源于表 3.3，随着选择单元数的增加，能够过渡到不同的力学形态。

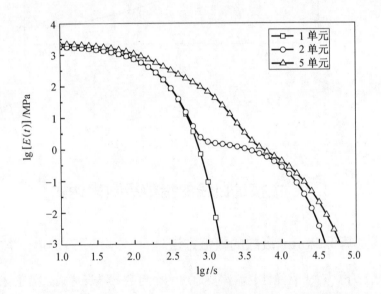

图 3.11　1 单元、2 单元和 5 单元模型拟合的主模量曲线

表 3.3　麦克斯韦模型参数

1 单元		2 单元		5 单元	
τ_i/s	E_i/MPa	τ_i/s	E_i/MPa	τ_i/s	E_i/MPa
100	2 000	100	2 000	100	2 000
—	—	5 000	0	500	400

续表 3.3

1 单元		2 单元		5 单元	
τ_i/s	E_i/MPa	τ_i/s	E_i/MPa	τ_i/s	E_i/MPa
—	—	—	—	1 000	30
—	—	—	—	5 000	2
—	—	—	—	10 000	0.4

3.4.2　拟合 Prony 级数

一般黏弹性材料的力学性能通过 Prony 级数描述：

$$E(t) = E_\infty + \sum_{i=1}^{N} E_i \mathrm{e}^{-\frac{t}{\tau_i}} \qquad (3.23)$$

Prony 技术应用非常广泛。首先，这个模型中的系数能通过简单弹簧和阻尼器表示，易于理解；其次，一系列简单的指数很容易存储和操纵数学；最后，这个卷积积分本构关系利用递归算法计算非常容易并且速度快。

通过时间-温度等效原理得到聚合物材料的主松弛模量之后，关键问题就是根据主模量曲线拟合出聚合物材料的松弛模量和松弛时间。1964 年，Schapery 提出了搭配法[6]；1970 年，Cost 和 Becker 提出了大数据法[7]；1989 年，Tobolsky 和 Murakami 提出了 X 程序法[5]；1993 年，Emri 和 Tschoegl 提出了窗口法[8]；1997 年，Bradshaw 和 Brinson 基于大数据法建立了符合控制法[9]。

本书根据符合控制法的拟合聚合物材料的材料参数，第一步是根据实验数据合理地选择松弛时间，松弛时间的选取不依赖于聚合物材料的材料属性，而是为了数学上处理方便，使根据实验数据离散连续地分布。如图 3.9 所示的主模量曲线，选择松弛时间为对数时间均匀间隔。松弛时间的个数取决于拟合主模量曲线的光滑度。

一旦松弛模量选定，下一步就是通过最小二乘法拟合出松弛模量，最小误差通过下式计算：

$$\chi^2 = \sum_{p=1}^{N}\left(\frac{E(t_p) - E_p}{\sigma_p}\right) \qquad (3.24)$$

式中，$E(t_p)$ 为 Prony 级数在时间为 t_p 时的函数值；$(E_p,\ t_p)$ 为第 p 个实验数据点；σ_p 为第 p 个数据点的标准偏差。

但是通过这种方法拟合的松弛模量既有正数又有负数，与模型的物理意义不符。为了得到正的松弛模量，导数松弛模量通过 Levenberg-Marquadt 迭代方法拟合。

3.5 数值模拟

3.5.1 有限元模型建立

本节主要研究通过有限元模拟 SHPB 动态压缩、被动围压和 SHTB 动态拉伸实验。利用显式有限元软件 ANSYS-LSDYNA 建立有限元模型，Y 轴为霍普金森杆所在的方向。因为实验中杆与试件都是圆柱形的，所以具有两个对称面：X-Y 平面与 Y-Z 平面。在 PBX 炸药的动态力学性能测试实验中，入射波是由撞击杆和入射杆撞击产生的应力脉冲，但是在 PBX 炸药的动态力学测试实验中，加入了入射波整形器，使得有限元数值模拟非常复杂，因此在数值模拟中，没有加入撞击杆，而是在入射杆上施加一个应力波脉冲，该应力波脉冲由第 2 章 PBX 炸药动态力学性能测试实验中入射杆应变片采集的入射波提供。这样一方面简化了数值模拟模型，另一方面能够得到有效的模拟结果。

3.5.2 SHPB 动态压缩实验验证

1. 网格划分及材料模型参数

数值仿真实验建立二维轴对称 SHPB 模型，杆为铝杆，杨氏模量为 73 GPa，泊松比为 0.3，在此模型中采用了线弹性材料模型。几何模型的尺寸完全按照 SHPB 动态压缩实验中杆和试件的尺寸：杆的长度为 1 500 mm，直径为 20 mm；试件的直径为 16 mm，厚度为 4 mm。图 3.12 所示为部分入射杆和透射杆的网格形式以及试件部分网格。试件进行了网格细化，并沿着半径方向划分为 10 个单元；试件沿半径方向划分为 20 个单元，采用了 Solid164 拉格朗日单元。根据 3.3 节和 3.4 节 PBX 炸药的主模量曲线和 Prony 级数的拟合法，拟合出了 PBX 炸药的 Prony 级数，见表 3.4。在有限元本构关系中选择由 Prony 级数表示的通用黏弹性材料，其材料参数见表 3.4。

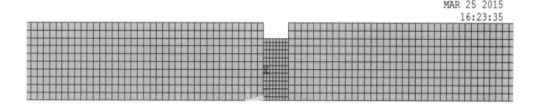

图 3.12　SHPB 有限元网格划分

表 3.4　PBX 炸药的 Prony 级数参数（E_∞=9.32）

单元	τ_i/s	E_i/MPa	单元	τ_i/s	E_i/MPa	单元	τ_i/s	E_i/MPa
1	7.5×10^{-8}	814.84	6	0.007 5	10.99	11	750	9.01
2	7.5×10^{-7}	472.32	7	0.075	10.45	12	7 500	8.04
3	7.5×10^{-6}	115.94	8	0.75	10.28	13	75 000	8.4
4	7.5×10^{-5}	83.56	9	7.5	10.04	14	750 000	7.7
5	7.5×10^{-4}	14.27	10	75	9.08	15	7 500 000	7.4

2. 实验与模拟结果比较

数值模拟中，在试件上选取不同的点，获得这些点的应力-应变曲线，发现能够完全吻合在一起，证明了试件满足应力均匀性的假设，这也验证了 2.4 节 PBX 炸药的动态压缩实验设计是合理的。如图 3.13 所示，在试件上选取一点，获得该点应力随应变的变化曲线，得到不同应变率下数值模拟 PBX 炸药的动态压缩应力-应变曲线，应变率分别为 891 s^{-1}、1 290 s^{-1} 和 2 000 s^{-1}。由图 3.13 可知，在相同应变率下数值模拟结果和实验结果完全吻合，证明松弛型本构关系能够模拟 PBX 炸药的动态压缩力学性能。

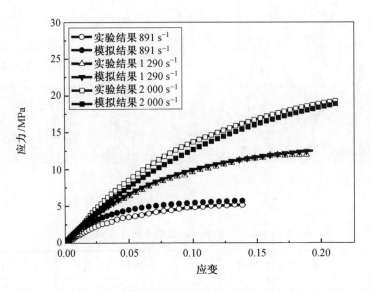

图 3.13　SHPB 数值模拟结果与实验结果的对比

3.5.3　被动围压实验验证

1. 网格划分及材料模型参数

数值仿真实验建立了二维轴对称被动围压实验模型。图 3.14 所示为显示了部分入射杆和透射杆的网格以及细化的试件网格。杆沿半径方向划分为 10 个单元，沿长度方向划分为 750 个单元；试件沿半径方向划分为 20 个单元，沿长度方向划分为 10 个单元。杆为铝杆，杨氏模量为 73 GPa，泊松比为 0.3，在此模型中采用了线弹性材料模型。杆的长度为 1 500 mm，直径为 20 mm；试件的直径为 20 mm，厚度为 10 mm。

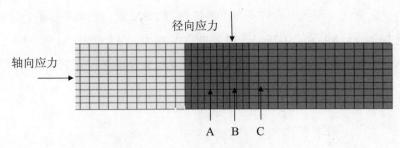

图 3.14　被动围压有限元的网格划分

根据上一节 PBX 炸药的主模量曲线和 Prony 级数的拟合法，拟合出了 PBX 炸药的 Prony 级数，见表 3.5。在有限元程序中选择由 Prony 级数表示的通用黏弹性材料，其材料参数见表 3.5。

表 3.5　PBX 炸药的拉伸 Prony 级数（E_∞=14.21）

单元	τ_i/s	E_i/MPa	单元	τ_i/s	E_i/MPa	单元	τ_i/s	E_i/MPa
1	0.000 1	42.96	4	0.1	13.66	7	100	4.797
2	0.001	29.03	5	1	8.1	8	1 000	4.317
3	0.01	21.19	6	10	4.934	9	10 000	2.327

在实验中加入了整形器，使得入射波有限元模拟非常复杂，因此在数值模拟中没有加入撞击杆，而是在入射杆上施加一个由实验中入射杆应变片测量的应力波脉冲（图 3.15（a））。

在被动围压实验中，套筒的主要作用是对试件施加径向约束。然而在实际情况中，套筒与试件之间还存在摩擦，同时套筒的两端也与入射杆、透射杆存在相互作用，从而使问题变得复杂，有限元模拟很难对这一实际情况进行准确模拟。因此在本书的有限元模型中，不直接使用套筒对试件进行径向约束，而是根据实验中套筒上测得的应变信号以及厚壁筒理论，计算出套筒内壁的径向压力脉冲，将此压力作为径向脉冲（图 3.15（b））施加到试件的外侧，该脉冲在模型中出现的时间由实验中套筒应变信号出现的时间决定。这样，既避免了套筒、试件和杆件直接摩擦对模拟结果的影响，又较为准确地模拟出了试件在实验中所承受的载荷。

2. 实验与模拟结果比较

图 3.16 所示为单元 A、B 和 C 上的应变和应力历程曲线，3 个单元的应变和应力历程曲线基本一致，表明试件在加载过程中内部的应力状态均匀，能满足 SHPB 理论关于试件内部应力均匀性的假设，验证了实验结果的可靠性。

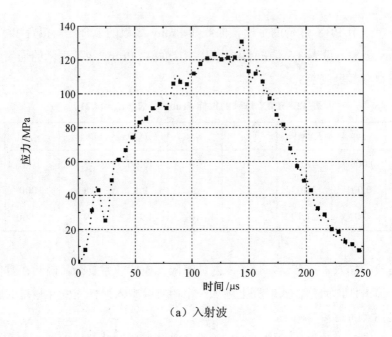

（a）入射波

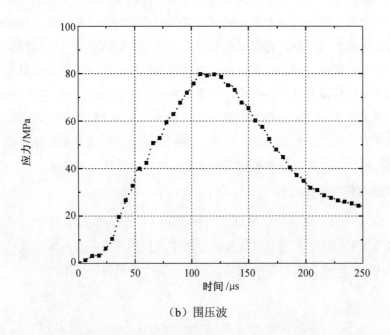

（b）围压波

图 3.15　数值模拟中试件在应变率为 227 s^{-1} 时入射波和围压波历程曲线

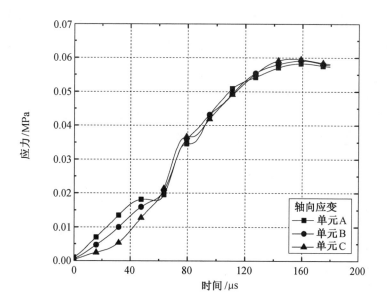

（a）应变历程曲线

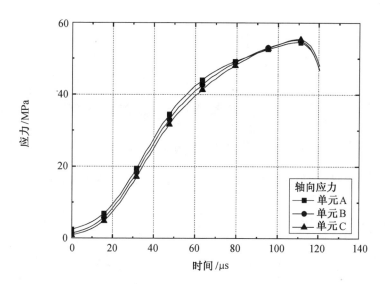

（b）应力历程曲线

图 3.16　被动围压实验数值模拟中试件上 A、B、C 3 个单元的应变和应力历程曲线

    图 3.17 所示为数值模拟得到不同应变率下 PBX 炸药的轴向数值模拟和实验结果的对照，图 3.17（a）和图 3.17（c）所示数值模拟和实验结果能够完全吻合，而图 3.17（b）开始时实验结果略高于数值模拟，主要原因可能是围压脉冲出现的时间产生了一定的偏差。图 3.17（c）中当应力达到 70 MPa 后，实验结果与数值模拟结果不能吻合，主要原因是当应力大于 70 MPa 后，试件产生了损伤，再次验证了所建立的 PBX 炸药本构关系在多轴载荷下的正确性。

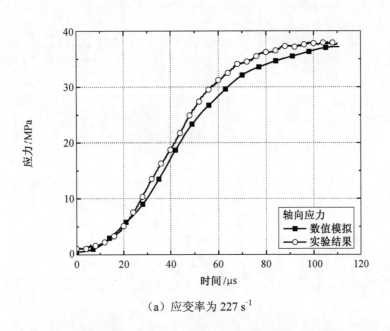

（a）应变率为 227 s^{-1}

图 3.17　不同应变率下 PBX 炸药被动围压数值模拟和实验结果对照

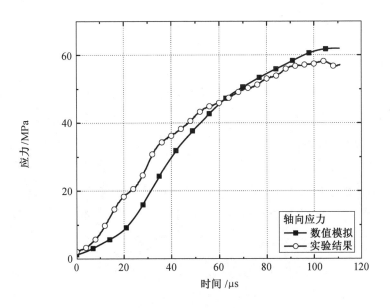

（b）应变率为 356 s⁻¹

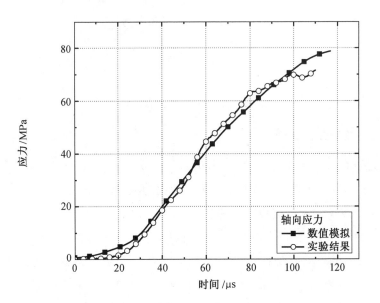

（c）应变率为 450 s⁻¹

续图 3.17

3.5.4 SHTB 验证

1. 网格划分及材料模型参数

在 SHTB 数值仿真实验中建立 1/4 三维 SHTB 模型，如图 3.18 所示，并施加对称边界约束，且模型中所有的实体均采用三维 Solid164 实体单元。杆的长度为 1 200 mm，直径为 16 mm，试件的尺寸如图 2.20 所示。杆为钢杆，杨氏模量为 210 GPa，泊松比为 0.3，采用了线弹性材料模型。根据 3.3 节和 3.4 节 PBX 炸药的拉伸主模量曲线和 Prony 级数的拟合法，拟合出了 PBX 炸药的 Prony 级数，见表 3.5。在有限元程序中选择由 Prony 级数表示的通用黏弹性材料，其材料参数见表 3.5。

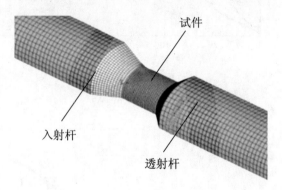

图 3.18　SHTB 动态拉伸实验的有限元网格划分

2. 实验与模拟结果比较

在数值模拟中，在试件上选取不同的点，获得这些点的应力-应变曲线，发现能够完全吻合在一起，证明了试件满足应力均匀性的假设，这也验证了第 2.5 节设计的 PBX 炸药动态拉伸测试实验是合理的。

在数值模拟中，在试件上选取一点，获得该点处的应力随应变变化的曲线，得到如图 3.19 所示的不同应变率下 PBX 炸药的动态拉伸应力-应变曲线，其中应变率分别为 278 s^{-1}、490 s^{-1}、和 750 s^{-1}。由图 3.19 可知，在相同应变率下数值模拟结果和实验结果完全吻合，证明所建立的拉伸本构关系能够模拟 PBX 炸药的动态拉伸力学性能。

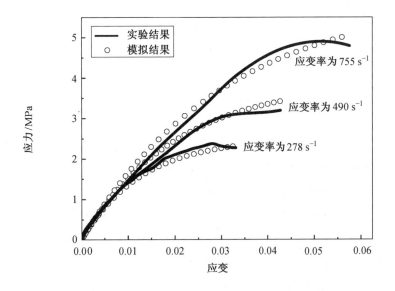

图 3.19　SHTB 数值模拟结果与实验结果的对比

3.6　本章小结

本章利用广义黏弹性理论，建立了 PBX 炸药的宏观本构关系，通过利用时间-温度等效原理得到了 PBX 炸药的主松弛模量曲线，拟合出了 PBX 炸药的松弛模量。然后利用 ANSYS/LS-DYNA 软件对 SHPB、SHTB 以及围压装置进行了三维有限元数值仿真，证明改进实验装置是可行的，并且验证了所建立的本构关系的正确性。可以得到以下结论：

（1）研究了不同温度下 PBX 炸药及其黏结剂的压缩拉伸松弛模量曲线，通过时间-温度等效原理，得到了 PBX 炸药及其黏结剂的主模量曲线。

（2）利用广义麦克斯韦模型，建立了 PBX 炸药的宏观本构关系，其中松弛模量利用 Prony 级数表示，拟合主模量曲线给出 PBX 炸药及其黏结剂的动态压缩、拉伸松弛模量和松弛时间，可以得到 PBX 炸药及其黏结剂在高应变率下的材料参数。

（3）利用 ANSYS/LS-DYNA 软件建立 SHPB 动态压缩、被动围压和 SHTB 动态拉伸实验，验证了所建立的 PBX 炸药压缩和拉伸本构关系的正确性，同时验证了第 2 章中 SHPB、SHTB 和被动围压实验的正确性。

本章参考文献

[1] 杨挺青, 罗波, 徐平, 等. 黏弹性理论与应用[M]. 北京：科学出版社, 2004.

[2] BRINSON H F, BRINSON L C. Polymer engineering science and viscoelasticity [M]. Berlin: Springer, 2008.

[3] FERRY J D, RICE S A. Viscoelastic properties of polymers [M]. New Jersey: Wiley, 1970.

[4] WILLIAMS M L, LANDEL R F, FERRY J D. The temperature dependence of relaxation mechanisms in amorphous polymers and other glass-forming liquids [J]. Journal of American chemical society, 1955, 77(14): 3701-3707.

[5] TOBOLSKY A V, CATSIFF E. Elastoviscous properties of polyisobutylene (and other amorphous polymers) from stress-relaxation studies, IX, A summary of results [J]. Journal of polymer science, 1956, 19(91): 111-121.

[6] SCHAPERY R A. Application of thermodynamics to thermomechanical, fracture, and birefringent phenomena in viscoelastic media [J]. Journal of applied physics, 1964, 35(5): 1451-1465.

[7] COST T L, BECKER E B. A multidata method of approximate Laplace transform inversion [J]. International journal for numerical methods in engineering, 1970, 2(2): 207-219.

[8] EMRI P I, TSCHOEGL P N W. Generating line spectra from experimental responses. Part I: Relaxation modulus and creep compliance [J]. Rheologica acta, 1993, 32(3): 311-322.

[9] BRADSHAW R D, BRINSON L C. A sign control method for fitting and interconverting material functions for linearly viscoelastic solids [J]. Mechanics of time-dependent materials, 1997, 1(1): 85-108.

第4章 PBX炸药动态力学行为的细观力学研究

4.1 引　言

PBX炸药作为一种颗粒填充复合材料，不仅是一种含能材料，还是承载构件，因此其本构关系的研究在其安全性分析中具有关键的地位。PBX炸药的细观研究是希望通过聚合物黏结剂与颗粒的本构关系及其颗粒填充状况等细观信息来预测PBX炸药在高应变率下的本构关系。

PBX炸药由含能颗粒（RDX）夹杂于聚合物黏结剂中，聚合物黏结剂是由塑化剂、固化催化剂、反应物和铝粉等组成的。铝粉使得爆炸反应相对于传统炸药更加迅速，铝粉颗粒的尺度为纳米级别。RDX大多数颗粒的直径为 300 μm，其余少数颗粒的直径为 100 μm 或更小，还有极少数颗粒的直径小于 80 μm。图4.1 所示为 SEM 扫描的 PBX 炸药的细观结构图。

 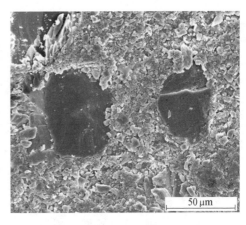

（a）　　　　　　　　　　　　　　　　（b）

图4.1　SEM 扫描的 PBX 炸药的细观结构图

PBX 炸药的含能颗粒（RDX）的本构关系为线弹性模型，其刚度远大于聚合物黏结的刚度。聚合物黏结剂的本构关系为线性黏弹性模型，明显具有时间依赖性。本章主要介绍了利用细观力学的 Mori-Tanaka 方法研究 PBX 炸药的黏弹性问题。将黏弹性模型进行拉普拉斯变换，其在拉普拉斯域内为线性关系，通过对应性原理，可以将问题线性化，建立了 PBX 炸药在高应变率下的本构关系，给出了材料模量随时间、夹杂体积分数的变化规律。

4.2　三维黏弹性本构关系

各向同性材料的应力张量 $\boldsymbol{\sigma}$ 可以分解成它的球形张量 $\boldsymbol{S}_{ij}$ 和偏斜张量 $\boldsymbol{\sigma}_{ij}$ 部分，应变张量 $\boldsymbol{\varepsilon}$ 可以分离成体积改变 $\boldsymbol{\varepsilon}_{ii}$（无形状改变）和等体积的形状畸变 $\boldsymbol{\varepsilon}_{ij}$ 两个部分。分别考虑体积应变和体积应力，偏应变和偏应力情况下的黏弹特性与效应，三维的本构关系可以表示成与一维（式（3.7））类似[1]的形式：

$$\sum_{k=0}^{m'} p_k' \frac{d^k}{dt^k} \boldsymbol{S}_{ij} = \sum_{k=0}^{n'} q_k' \frac{d^k}{dt^k} \boldsymbol{\varepsilon}_{ij} \tag{4.1}$$

$$\sum_{k=0}^{m''} p_k'' \frac{d^k}{dt^k} \boldsymbol{\sigma}_{ii} = \sum_{k=0}^{n''} q_k'' \frac{d^k}{dt^k} \boldsymbol{\varepsilon}_{ii} \tag{4.2}$$

或写作

$$P' \boldsymbol{S}_{ij} = Q' \boldsymbol{\varepsilon}_{ij} \tag{4.3}$$

$$P'' \boldsymbol{\sigma}_{ii} = Q'' \boldsymbol{\varepsilon}_{ii} \tag{4.4}$$

将有关三维的黏弹性本构关系变换到拉普拉斯空间中，有一系列的代数表达式。进行拉普拉斯变换，得

$$\sum_{k=0}^{m'} p_k' s^k \boldsymbol{S}_{ij}(s) = \sum_{k=0}^{n'} q_k' s^k \boldsymbol{\varepsilon}_{ij}(s) \tag{4.5}$$

$$\sum_{k=0}^{m''} p_k'' s^k \boldsymbol{\sigma}_{ii}(s) = \sum_{k=0}^{n''} q_k'' s^k \boldsymbol{\varepsilon}_{ii}(s) \tag{4.6}$$

可将变换后的三维黏弹性微分型本构关系写作

$$\overline{P}'(s)\boldsymbol{S}_{ij}(s) = \overline{Q}'(s)\boldsymbol{\varepsilon}_{ij}(s) \tag{4.7}$$

$$\overline{P}''(s)\boldsymbol{\sigma}_{ii}(s) = \overline{Q}''(s)\boldsymbol{\varepsilon}_{ii}(s) \tag{4.8}$$

在拉普拉斯空间中关系式表示为

$$\boldsymbol{S}_{ij}(s) = 3\mu^{\mathrm{TD}}\boldsymbol{\varepsilon}_{ij}(s) \tag{4.9}$$

$$\boldsymbol{\sigma}_{ii}(s) = 2k^{\mathrm{TD}}\boldsymbol{\varepsilon}_{ii}(s) \tag{4.10}$$

式中，$k^{\mathrm{TD}} = \dfrac{\overline{Q}''(s)}{3\overline{R}''(s)}$；$\mu^{\mathrm{TD}} = \dfrac{\overline{Q}'(s)}{2\overline{P}'(s)}$。

4.3 基体的黏弹性力学行为

已知物体受到外部作用随时间变化的应变 $\boldsymbol{\varepsilon}(t)$，材料的松弛模量函数 $\boldsymbol{L}(t)$，根据 Boltzman 叠加原理可以知道应力响应公式：

$$\boldsymbol{\sigma}(t) = \boldsymbol{L}^e\boldsymbol{\varepsilon} + \int_0^t \boldsymbol{L}(t-\tau)\frac{\partial\boldsymbol{\varepsilon}}{\partial\tau}\mathrm{d}\tau \tag{4.11}$$

式中，$\boldsymbol{\sigma}(t)$ 和 $\boldsymbol{\varepsilon}(t)$ 为二阶应力和应变张量；$\boldsymbol{L}^e$ 和 $\boldsymbol{L}(t)$ 为四阶张量表示平衡模量和松弛模量函数。

$$\boldsymbol{L}^0_{ijkl} = \left[k_0(t) - \frac{2}{3}\mu_0(t)\right] + \mu_0(t)[\delta_{ik}\delta_{jl} + \delta_{il}\delta_{jk}] \tag{4.12}$$

式中，$k_0(t)$ 和 $\mu_0(t)$ 分别为基体的体积和剪切松弛模量。

聚合物黏结剂的本构关系采用了 3.2.2 节中的广义麦克斯韦模型，剪切模量的表达式为

$$\mu(t) = \mu_\infty + \sum_{i=1}^{N}\mu_i\exp\left(-\frac{t}{\tau_i}\right) \tag{4.13}$$

式中，μ_∞ 为平衡剪切模量；μ_i 和 τ_i 分别为剪切模量和松弛时间。

聚合物黏结剂为各向同性材料，假设聚合物黏结剂的体积模量远大于剪切模量，

即 $k_0 \gg \mu_0(t)$。许多科学家做了大量的实验发现[2,3]，温度对高分子聚合物的剪切松弛模量影响很大，温度为-80～25 ℃，剪切模量将变化 4 个数量级，而体积模量变化很小，因此假设 $k_0(t)$ 为一个常数，即 $k_0(t) = k_0$，则弹性模量为

$$E_0(t) = \frac{9k_0\mu_0(t)}{3K_0 + \mu_0(t)} \approx 3\mu_0(t) \tag{4.14}$$

泊松比 $\upsilon_0(t)$ 根据 Taylor 展开式可知：

$$\upsilon_0(t) = \frac{3k_0 - 2\mu_0(t)}{2(3k_0 + \mu_0(t))} = \frac{1}{2}\left(1 - \frac{\mu_0(t)}{k_0}\right) + o\left(\frac{\mu_0(t)}{k_0}\right)^2 \approx \frac{1}{2}\left(1 - \frac{\mu_0(t)}{k_0}\right) \tag{4.15}$$

根据 3.3.3 节 PBX 炸药黏弹性特性研究，得到 PBX 炸药黏结剂的主松弛模量曲线。如图 4.2 所示，利用 3.4.2 节 Prony 技术拟合算法，获得聚合物黏结剂的松弛时间和松弛模量，其中虚线为黏结剂的压缩主模量曲线，空心圆为拟合出的 15 阶 Prony 级数，PBX 炸药黏结剂的松弛模量和松弛时间见表 4.1。在应变率为 2 500 s^{-1} 时，4 个麦克斯韦单元被激活，对应 i=11，12，13，14，见表 4.1。

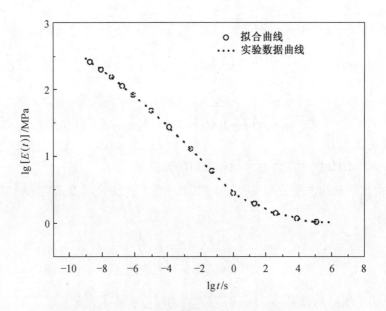

图 4.2　聚合物黏结剂的压缩主模量曲线

表 4.1　聚合物黏结剂的松弛模量和松弛时间（lg E_∞=0.026）

i	lg τ_i/s	lg E_i/MPa	i	lg τ_i/s	lg E_i/MPa	i	lg τ_i/s	lg E_i/MPa
1	−9	1.708	6	−4	0.996	11	1	−0.534
2	−8	1.543	7	−3	0.775	12	2	−0.285
3	−7	1.467	8	−2	0.616	13	3	−1.193
4	−6	1.316	9	−1	0.344	14	4	−0.632
5	−5	1.134	10	0	0.096	15	5	−1.47

　　图 4.3 所示为利用四阶麦克斯韦模型预测的 PBX 黏结剂的应力-应变曲线，当应变小于 15%时，在 SHPB 动态压缩测试中，试件没有获得应力均匀性和常应变率加载；但是当应变大于 15%时，试件中获得了均匀性和常应变率加载，显然实验和理论值能很好地吻合在一起。

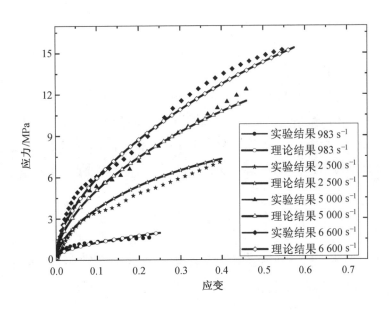

图 4.3　聚合物黏结剂的单轴应力-应变曲线模型预测和实验结果对照

4.4　细观力学模型

细观力学研究的对象主要是那些在宏观上看起来均匀，但在细观上具有特定非均匀结构的材料，采用的仍然是连续介质力学的方法，其目的就是基于材料的细观结构，来计算材料的等效性能，从而得到材料的细观结构与材料宏观等效性能之间的关系。细观力学研究的基本思想为均匀化方法，即通过应力和应变场的体积平均值之间的关系来计算材料的等效性能，进而用均匀化后的材料性质来代替原来的非均匀材料。

细观力学的计算跨越了两个尺度，即宏观尺度和细观尺度。在宏观尺度上，将材料看作由大量物质点构成的，与这些物质点相关联的细观空间称为代表性体积单元（Representative Volume Element，RVE）。RVE 是细观力学中的一个基本概念，它需要满足尺度的双重性：

（1）在宏观尺度上足够小，可以当成一个物质点，这样在 RVE 中的宏观应力、应变场可以认为是均匀的。

（2）在细观尺度上它又是足够大的，含有足够的细观信息使得 RVE 可以代表局部连续介质的等效性能。

细观力学中另外一个基本概念是特征应变（Eigenstrain）。在无外力作用也无表面约束下，弹性体内微小局部发生的非弹性应变，如热应变、相变应变、残余应变、塑性应变和失配应变等，Mura 称之为特征应变，本书采用 ε_{ij}^* 表示特征应变。

在线弹性条件下，含有特征应变的材料其应力、应变满足以下关系：

$$\varepsilon_{ij} = e_{ij} + \varepsilon_{ij}^*$$
$$\sigma_{ij} = L_{ijkl} e_{kl} \tag{4.16}$$

式中，ε_{ij} 为总应变；e_{ij} 为弹性应变；σ_{ij} 为总应力；L_{ijkl} 为刚度张量。

4.4.1　夹杂和非均匀相

在细观力学的理论中，有两类问题需要区分，即夹杂和非均匀相，两者的定义不同，后者可以通过等效夹杂理论转化为前者，复合材料的均匀化方法也是建立在等效夹杂理论上的。

如果区域 D 内有子区域 Ω，子区域 Ω 和区域 $D-\Omega$ 的材料属性一致，Ω 内存在特征应变 $\varepsilon_{ij}^*(x)$，$D-\Omega$ 内的特征应变为 0，那么称 $D-\Omega$ 为基体，Ω 称为夹杂（Inclusion），如图 4.4（a）所示。

如果区域 D 内有子区域 Ω，Ω 的材料属性与 $D-\Omega$ 不同，而且两者中都不存在特征应变，那么称 Ω 为非均匀相（Inhomogeneity），如图 4.4（b）所示。

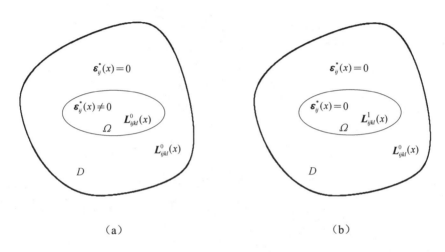

（a）　　　　　　　　　　　　　　（b）

图 4.4　夹杂和非均匀相

由以上定义可知，夹杂是分布在均匀材料中的特征应变，特征应变的存在会使材料内部产生应力。非均匀相是基体材料中存在的具有不同性质的其他材料，非均匀相和基体中可以不存在应力。

4.4.2　Eshelby 张量

考虑一个无限大区域 D，D 的刚度张量为 L_{ijkl}，其内有一个具有特征应变为 ε_{ij}^* 的椭球形夹杂 Ω，如图 4.5 所示。

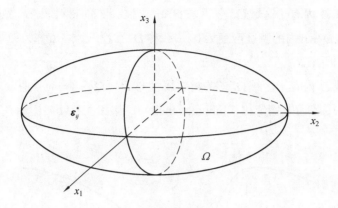

图 4.5　椭球夹杂 Ω

那么 Ω 内的总应变为

$$\varepsilon_{ij}(x) = S_{ijkl}(x)\varepsilon_{ij}^{*} \tag{4.17}$$

Eshelby 指出，如果椭球夹杂 Ω 内的特征应变是均匀的，那么 $S_{ijkl}(x)$ 在区域 Ω 内也是均匀的，即 $S_{ijkl}(x) = S_{ijkl}$，S_{ijkl} 称为 Eshelby 张量。Eshelby 张量与形状相关而与大小无关。S_{ijkl} 具有对称性：$S_{ijkl} = S_{jikl} = S_{ijlk}$，但是 Eshelby 张量并不具备对角线对称性，即 $S_{ijkl} \neq S_{klij}$。

如果夹杂为球形，那么 Eshelby 张量的形式非常简单，如下所示：

$$S_{1111} = S_{1111} = S_{1111} = \frac{7 - 5\upsilon}{15(1 - \upsilon)}$$

$$S_{1122} = S_{2233} = S_{3311} = S_{1133} = S_{2211} = S_{3322} = \frac{5\upsilon - 1}{15(1 - \upsilon)}$$

$$S_{1212} = S_{2323} = S_{3131} = \frac{4 - 5\upsilon}{15(1 - \upsilon)}$$

4.4.3　等效模量

将不同方向和形状的 N 个非均匀相 $\Omega^{(N)}$ 随机分布于材料 D 内，如图 4.6 所示。其中基体的体积为 V_0，刚度张量为 L_0，非均匀相的体积分别为 V_1、V_2、$\cdots$、V_N，刚度张量分别为 L_1、L_2、$\cdots$、L_N。

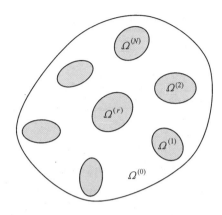

图 4.6　多相非均匀复合材料

定义复合材料的平均应力和平均应变为

$$\bar{\sigma} = \frac{1}{V}\int_V \sigma \mathrm{d}V \qquad (4.18)$$

$$\bar{\varepsilon} = \frac{1}{V}\int_V \varepsilon \mathrm{d}V \qquad (4.19)$$

式（4.18）、式（4.19）满足

$$\bar{\sigma} = \bar{L}\bar{\varepsilon} \qquad (4.20)$$

式中，$\bar{L}$ 称为等效刚度张量或者等效模量。

如果定义各非均匀相的体积分数 $c_r = V_r/V$，那么非均匀材料内的平均应变可以表示为

$$\bar{\varepsilon} = \frac{1}{V}\int_V \varepsilon \mathrm{d}V = \frac{1}{V}\sum_{r=0}^{N}\int_{V_r} \varepsilon_r \mathrm{d}V = \sum_{r=0}^{N} c_r \frac{1}{V_r}\int_{V_r} \varepsilon_r \mathrm{d}V = \sum_{r=0}^{N} c_r \bar{\varepsilon}_r \qquad (4.21)$$

假设非均匀相 r 内的平均应变为 $\bar{\varepsilon}_r = A_r\bar{\varepsilon}$，则非均匀材料的平均应变可以表示为

$$\bar{\sigma} = \sum_{r=0}^{N} c_r \bar{\sigma}_r = L_0\left(\bar{\varepsilon} - \sum_{r=1}^{N} c_r \bar{\varepsilon}_r\right) + \sum_{r=1}^{N} c_r \bar{\varepsilon}_r = \left[L_0 + \sum_{r=1}^{N} c_r (L_r - L_0)A_r\right]\bar{\varepsilon} \qquad (4.22)$$

由此可得非均匀材料的等效刚度张量为

$$\bar{L} = L_0 + \sum_{r=1}^{N} c_r (L_r - L_0) A_r \qquad (4.23)$$

式中，$A_r = [I + S_r L_0^{-1}(L_r - L_0)]^{-1}$

4.4.4　等效夹杂理论

复合材料的增强相可以看作嵌入弹性基体的夹杂，因此，复合材料的等效弹性模量的计算，可以视为在均匀边界条件下求其内部各离散相应力与应变的平均值问题。1957 年，英国著名科学家 Eshelby 在英国皇家学会会刊发表了关于无限大体内含有椭球夹杂弹性场问题的文章，针对含特征应变的椭球颗粒，给出了椭球颗粒内外弹性场的一般解，并利用应力等效的方法（即等效夹杂原理）得到了非均匀椭球颗粒的内、外弹性场。他的一个重要结论是：当特征应变均匀时，椭球颗粒内部的弹性场也是均匀的。

弹性常数为 L_0 的无限大区域 D 内含有非均匀相 Ω，Ω 的弹性常数为 L_1。在 D 的边界 S 上存在边界条件 $u_i |_S = \varepsilon_{ij}^0 x_j$ 或 $T_i = \sigma_{ij}^0 n_j$。由于均匀外应力 σ_{ij}^0 作用产生的应变为 ε_{ij}^0，如果 D 内存在非均匀相，而非均匀相引起的扰动应力场和应变场分别为 σ_{ij}^d 和 ε_{ij}^d，那么

$$\sigma_{ij}^0 + \sigma_{ij}^d = L_{ijkl}^1 (\varepsilon_{kl}^0 + \varepsilon_{kl}^d) \qquad （在\Omega中） \qquad (4.24)$$

$$\sigma_{ij}^0 + \sigma_{ij}^d = L_{ijkl}^0 (\varepsilon_{kl}^0 + \varepsilon_{kl}^d) \qquad （在\Omega外） \qquad (4.25)$$

Eshelby 巧妙地证明了这种情况下夹杂内部的应力场与应变场是均匀的，上述非均匀弹性体的弹性场可以用 Eshelby 的等效同质夹杂的方法确定，即非均匀相在外应力 σ_{ij}^0 的作用下因弹性张量不同所引起的扰动应变 ε_{ij}^d，可等效视作同质夹杂而由于特征应变 ε_{ij}^* 所引起的。设有一均匀无限大弹性体，它的远场受均匀应力 σ_{ij}^0 的作用，同时在椭球子域 Ω 内给定一均匀特征应变 ε_{ij}^*，在这个弹性体内其应力场为

$$\sigma_{ij}^0 + \sigma_{ij}^d = L_{ijkl}^0 (\varepsilon_{kl}^0 + \varepsilon_{kl}^d - \varepsilon_{kl}^*) \qquad （在\Omega内） \qquad (4.26)$$

根据 Eshelby 张量，有

$$\boldsymbol{\varepsilon}_{ij}^{d} = \boldsymbol{S}_{ijkl}\boldsymbol{\varepsilon}_{kl}^{*} \tag{4.27}$$

如果非均匀相引起的扰动项与特征应变引起的扰动项相等，那么

$$\boldsymbol{L}_{ijkl}^{0}(\boldsymbol{\varepsilon}_{kl}^{0} + \boldsymbol{S}_{ijkl}\boldsymbol{\varepsilon}_{kl}^{*}) = \boldsymbol{L}_{ijkl}^{1}(\boldsymbol{\varepsilon}_{kl}^{0} + \boldsymbol{S}_{ijkl}\boldsymbol{\varepsilon}_{kl}^{*}) \qquad (\text{在}\Omega\text{内}) \tag{4.28}$$

上式可得

$$\boldsymbol{\varepsilon}_{ij}^{*} = -\left[\boldsymbol{S}_{ijkl} + (\boldsymbol{L}_{ijkl}^{1} - \boldsymbol{L}_{ijkl}^{0})\boldsymbol{L}_{ijkl}^{0}\right]^{-1}\boldsymbol{\varepsilon}_{kl}^{0} \tag{4.29}$$

那么，Ω内的总应变为

$$\boldsymbol{\varepsilon}_{ij} = \boldsymbol{\varepsilon}_{ij}^{0} + \boldsymbol{S}_{ijkl}\boldsymbol{\varepsilon}_{kl}^{*} = -\left[\boldsymbol{S}_{ijkl} + (\boldsymbol{L}_{ijkl}^{1} - \boldsymbol{L}_{ijkl}^{0})\boldsymbol{L}_{ijkl}^{0}\right]^{-1}\boldsymbol{\varepsilon}_{kl}^{0} \tag{4.30}$$

4.4.5　复合材料的均匀化方法

对于复合材料，如果其内部分布着具有不同形状和性质的非均匀相，求解复合材料的等效模量需要用到以下介绍的均匀化方法。

假设复合材料边界上存在位移边界条件 $\boldsymbol{u}_i|_S = \boldsymbol{\varepsilon}_{ij}^0\boldsymbol{x}_j$，那么整个材料的平均应变为 $\bar{\boldsymbol{\varepsilon}}_{ij}$ 为

$$\bar{\boldsymbol{\varepsilon}}_{ij} = \frac{1}{V}\int_V \boldsymbol{\varepsilon}_{ij}\mathrm{d}V = \frac{1}{2V}\int_V (\boldsymbol{u}_{i,j} + \boldsymbol{u}_{j,i})\mathrm{d}V = \frac{1}{2V}\int_S (\boldsymbol{u}_i\boldsymbol{n}_j + \boldsymbol{u}_j\boldsymbol{n}_i)\mathrm{d}S$$

$$= \frac{1}{2V}\int_S (\boldsymbol{\varepsilon}_{ik}^0\boldsymbol{x}_k\boldsymbol{n}_j + \boldsymbol{\varepsilon}_{jk}^0\boldsymbol{x}_k\boldsymbol{n}_i)\mathrm{d}S = \frac{1}{2V}\int_V (\boldsymbol{\varepsilon}_{ik}^0\boldsymbol{x}_{k,j} + \boldsymbol{\varepsilon}_{jk}^0\boldsymbol{x}_{ki})\mathrm{d}V \tag{4.31}$$

对于非均匀相 r，可以将包括其在内的一定区域作为一个对象来考虑，如图 4.7 所示。

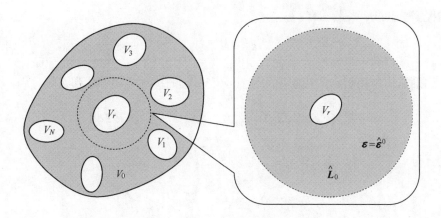

图 4.7　非均匀相 r 周围的等效介质

若不考虑非均匀相之间的相互作用，则 $\hat{\boldsymbol{L}}_0 = \boldsymbol{L}_0$，$\hat{\boldsymbol{\varepsilon}}^0 = \boldsymbol{\varepsilon}^0$，此时为 Eshelby 方法。非均匀相 r 内的应变根据等效夹杂理论，为

$$\boldsymbol{\varepsilon}_r = [\boldsymbol{I} + \boldsymbol{S}_r \boldsymbol{L}_0^{-1}(\boldsymbol{L}_r - \boldsymbol{L}_0)]^{-1} \boldsymbol{\varepsilon}^0 \tag{4.32}$$

Ω 内的总应变为

$$\boldsymbol{\varepsilon}^t = \boldsymbol{\varepsilon}^0 + \boldsymbol{S}\boldsymbol{\varepsilon}^d = \boldsymbol{\varepsilon}^0 + \boldsymbol{T}_r \boldsymbol{\varepsilon}^* = \boldsymbol{T}_r \boldsymbol{\varepsilon}^0 \tag{4.33}$$

式中，$\boldsymbol{T}_r = [\boldsymbol{I} + \boldsymbol{S}_r \boldsymbol{L}_0^{-1}(\boldsymbol{L}_r - \boldsymbol{L}_0)]^{-1}$。

根据式（4.21），由 $\boldsymbol{A}_r = \boldsymbol{T}_r$，可推导出利用 Eshelby 方法获得非均匀复合材料的等效刚度张量

$$\bar{\boldsymbol{L}} = \boldsymbol{L}_0 + \sum_{r=1}^{N} c_r (\boldsymbol{L}_r - \boldsymbol{L}_0) \boldsymbol{T}_r \tag{4.34}$$

基于等效夹杂理论，考虑到非均匀相之间的相互作用，建立了自洽方法（Self-consistent Method）[4, 5]。

若复合材料的等效模量 $\hat{\boldsymbol{L}}_0 = \bar{\boldsymbol{L}}$，$\hat{\boldsymbol{\varepsilon}}_0 = \bar{\boldsymbol{\varepsilon}}$，根据非均匀相 r 内的应变，可以由等效夹杂理论得出

$$\boldsymbol{\varepsilon} = [\boldsymbol{I} + \boldsymbol{S}_r \bar{\boldsymbol{L}}^{-1}(\boldsymbol{L}_r - \bar{\boldsymbol{L}})]\boldsymbol{\varepsilon}^0 = \bar{\boldsymbol{T}}_r \boldsymbol{\varepsilon}^0 \tag{4.35}$$

式中，$\overline{T}_r = [I + S_r \overline{L}^{-1}(L_r - \overline{L})]$。

根据式（4.23），可以得到

$$\overline{L} = L_0 + \sum_{r=1}^{N} c_r (L_r - L_0)\overline{T}_r \qquad (4.36)$$

与式（4.34）相比，式（4.36）为隐式表达式，计算比较复杂，实际计算中一般采用迭代方法来求解。

Mori 和 Tanaka[6]近似认为非均匀相及其周围的平均应变 $\hat{\varepsilon}^0 = \overline{\varepsilon}^0$，而等效介质为基体，即 $\hat{L}_0 = L_0$，建立了 Mori-Tanaka 模型。

根据非均匀相 r 内的应变，由等效夹杂理论可知

$$\varepsilon = [I + S_r L_0^{-1}(L_r - L_0)]^{-1}\overline{\varepsilon}^0 = T_r\overline{\varepsilon}^0 \qquad (4.37)$$

非均匀复合材料的有效模量为

$$\overline{L} = L_0 + \sum_{r=0}^{N} c_r (L_r - L_0)T_r \left[\sum_{n=0}^{N} c_n T_n\right]^{-1} = \sum_{r=0}^{N} c_r L_r T_r \left[\sum_{n=0}^{N} c_n T_n\right]^{-1} \qquad (4.38)$$

由于没有考虑非均匀相的相互作用，Eshelby 方法在非均匀相很稀疏的情况下是比较准确的；当非均匀相分布较密时，非均匀相之间的相互作用不能忽略，Eshelby 方法的结果就不正确了。PBX 炸药颗粒含量较高，一般很少使用 Eshebly 方法。

Mori-Tanaka 方法结果是显式的，而且没有奇异性，因此，Mori-Tanaka 方法的应用最为广泛。另外对于黏弹性复合材料，用广义麦克斯韦模型表示基体的力学性能，当并联多个麦克斯韦单元数时，一般需要进行拉普拉斯数值反演，Mori-Tanaka 模型能得到弹性模量的显式表达式，进行数值计算相对简单很多，所以 Mori-tanaka 模型常应用于黏弹性复合材料的细观力学研究中。

4.5　基于 Mori-Tanaka 模型的动态力学行为预报

对于颗粒增强型复合材料，颗粒随机分布于基体材料中，假定颗粒和基体为各向同性材料，基体的弹性刚度张量为

$$L_0 = (3k_0, 2\mu_0) \tag{4.39}$$

颗粒的弹性刚度张量为

$$L_1 = (3k_1, \mu_1) \tag{4.40}$$

将式（4.38）展开可得

$$\overline{L} = (c_0 L_0 T_0 - c_1 L_1 T_1)(c_0 T_0 + c_1 T_1) = (c_0 L_0 + c_1 L_1 T_1)(c_0 I + c_1 T_1) \tag{4.41}$$

式中，$T_0 = I$，I 为等同张量；$T_1 = [I + S_0(M_0 L_1 - I)]$，$S_0 = (3\alpha_0, 2\beta_0)$，$\alpha_0 = \dfrac{1}{3}\dfrac{1+\upsilon_0}{1-\upsilon_0} = \dfrac{3k_0}{3k_0 + 4\mu_0}$，$\beta_0 = \dfrac{2}{15}\dfrac{4 - 5\upsilon_0}{1 - \upsilon_0} = \dfrac{6}{5}\dfrac{k_0 + 2\mu_0}{3k_0 + 4\mu_0}$。

由式（4.39）～（4.41）可得到复合材料的等效弹性刚度张量

$$\overline{L} = (2k, 2\mu) \tag{4.42}$$

式中

$$k = k_0 + \frac{c_1(k_1 - k_0)}{c_0 \alpha_0 (k_1 - k_0) + k_0} k_0 \tag{4.43}$$

$$\mu = \mu_0 + \frac{c_1(\mu_1 - \mu_0)}{c_0 \beta_0 (\mu_1 - \mu_0) + \mu_0} \mu_0 \tag{4.44}$$

黏弹性复合材料的应力-应变关系在拉普拉斯变换域内可以由式（4.9）和式（4.10）表示，其中 k^{TD} 和 μ^{TD} 为拉普拉斯变换域内的等效体积模量和剪切模量。等效模量 k^{TD} 和 μ^{TD} 能通过 Mori-Tanaka 模型获得，其中 TD 代表拉普拉斯变换域内，0 代表基体，1 代表夹杂颗粒。

当夹杂颗粒为球形颗粒时，根据式（4.43）和式（4.44），在拉普拉斯变换域内复合材料的材料的体积模量和剪切模量可以写成

$$k^{\mathrm{TD}}(s) = k_0^{\mathrm{TD}} + \frac{c_1(k_1^{\mathrm{TD}} - k_0^{\mathrm{TD}})}{c_0 \alpha_0^{\mathrm{TD}}(k_1^{\mathrm{TD}} - k_0^{\mathrm{TD}}) + k_0^{\mathrm{TD}}} k_0^{\mathrm{TD}} \tag{4.45}$$

$$\mu^{\mathrm{TD}}(s) = \mu_0^{\mathrm{TD}} + \frac{c_1(\mu_1^{\mathrm{TD}} - \mu_0^{\mathrm{TD}})}{c_0 \beta_0^{\mathrm{TD}}(\mu_1^{\mathrm{TD}} - \mu_0^{\mathrm{TD}}) + \mu_0^{\mathrm{TD}}} \mu_0^{\mathrm{TD}} \tag{4.46}$$

式中，$\alpha_0^{\mathrm{TD}} = \dfrac{1}{3}\dfrac{1+\upsilon_0^{\mathrm{TD}}}{1-\upsilon_0^{\mathrm{TD}}} = \dfrac{3k_0^{\mathrm{TD}}}{3k_0^{\mathrm{TD}}+4\mu_0^{\mathrm{TD}}}$；$\beta_0^{\mathrm{TD}} = \dfrac{2}{15}\dfrac{4-5\upsilon_0^{\mathrm{TD}}}{1-\upsilon_0^{\mathrm{TD}}} = \dfrac{6}{5}\dfrac{k_0^{\mathrm{TD}}+2\mu_0^{\mathrm{TD}}}{3k_0^{\mathrm{TD}}+4\mu_0^{\mathrm{TD}}}$

对于单个麦克斯韦模型，剪切和体积模量分别为 H_0、k_0，松弛时间为 T_0，假设 $\upsilon_0^{\mathrm{TD}} = \upsilon_0$，在这种情况下，$\alpha_0^{\mathrm{TD}} = \alpha_0$，$\beta_0^{\mathrm{TD}} = \beta_0$。

对于聚合物黏结剂材料在拉普拉斯变化域内，剪切和体积模量分别为

$$\mu_0^{\mathrm{TD}} = \frac{\mu_0 s}{T+s} \tag{4.47}$$

$$k_0^{\mathrm{TD}} = \frac{k_0 s}{T+s} \tag{4.48}$$

由于颗粒为线性弹性材料，颗粒材料在拉普拉斯域内的剪切和体积模量分别为

$$\mu_1^{\mathrm{TD}} = \mu_1 \tag{4.49}$$

$$k_1^{\mathrm{TD}} = k_1 \tag{4.50}$$

将式（4.47）和式（4.49）代入式（4.46），式（4.48）和式（4.50）代入式（4.45）可得复合材料在拉普拉斯变换域内的剪切模量和体积模量，再分别代入式（4.9）和（4.10）可知复合材料在拉普拉斯变换域内的应力-应变关系为

$$\sigma_{ij}(s) = 2\frac{\mu_0}{s(T+s)}\left(1 + \frac{[(\mu_1-\mu_0)s+\mu_1 T_0]}{c_0\beta_0[(\mu_1-\mu_0)s+\mu_1 T]+\mu_0 s}\right)\dot{\varepsilon}_{ij} \tag{4.51}$$

$$\sigma_{kk}(s) = 2\frac{k_0}{s(T+s)}\left(1 + \frac{[(k_1-k_0)s+k_1 T_0]}{c_0\alpha_0[(k_1-k_0)s+k_1 T]+\mu_0 s}\right)\dot{\varepsilon}_{ij} \tag{4.52}$$

式中，s 为变换参量。

函数 $f(t)$ 的拉普拉斯变化定义为

$$f^{\mathrm{TD}}(s) = \int_0^{+\infty} f(t)\mathrm{e}^{-st}\mathrm{d}t \tag{4.53}$$

关于拉普拉斯变化及其逆变换的性质这里不再过多介绍，但是式（4.45）和式（4.46）可以整理为 $f(s) = \dfrac{s}{(s+a)(s+b)(s+c)}$ 形式，代入其拉普拉斯逆变换公式，进行拉普拉斯逆变换可得

$$\bar{\sigma}_{kk}(t) = 3k\left[\frac{a_2 - a_1}{a_2(T - a_2)}\mathrm{e}^{-a_2 t} + \frac{a_1 - T}{T(T - a_2)}\mathrm{e}^{-Tt} + \frac{a_1}{Ta_2}\right]\dot{\bar{\varepsilon}}_{kk} \tag{4.54}$$

$$\bar{\sigma}_{ij}(t) = 2\mu\left[\frac{b_2 - b_1}{b_2(T - b_2)}\mathrm{e}^{-b_2 t} + \frac{b_1 - T}{T(T - b_2)}\mathrm{e}^{-Tt} + \frac{b_1}{Tb_2}\right]\dot{\bar{\varepsilon}}_{ij} \tag{4.55}$$

式中，$a_1 = \dfrac{(c_0\alpha_0 + c_1)k_1 T_0}{(c_0\alpha_0 + c_1)(k_1 - k_0) + k_0}$；$a_2 = \dfrac{c_0\alpha_0 k_1 T_0}{c_0\alpha_0(k_1 - k_0) + k_0}$；$b_1 = \dfrac{(c_0\beta_0 + c_1)\mu_1 T_0}{(c_0\beta_0 + c_1)(\mu_1 - \mu_0) + \mu_0}$；

$b_2 = \dfrac{c_0\beta_0\mu_1 T_0}{c_0\beta_0(\mu_1 - \mu_0) + \mu_0}$。

假设聚合物黏结剂的体积模量与时间率无关，即 $k_0^{\mathrm{TD}} = k_0$，同理可得

$$\bar{\sigma}(t) = 3k_0\left[\left(1 + d_1\frac{d_2}{d_3}\right)t + d_1\frac{d_3 - d_2}{d_3^2}\left(1 - \mathrm{e}^{-d_3 t}\right)\right]\bar{\varepsilon}_{kk} \tag{4.56}$$

式中，$d_1 = \dfrac{k_1 - k_0}{k_0}$；$d_2 = \alpha_0 T$；$d_3 = \dfrac{3(c_0 k_1 + c_1 k_0)}{3c_0(k_1 - k_0) + (3k_0 + 4u_0)}$。

将式（4.40）代入式（4.9），可得复合材料在拉普拉斯变换域内的应力-应变关系

$$\sigma_{ij}(s) = 2\frac{\mu_0}{s(T + s)}\left(1 + \frac{[(\mu_1 - \mu_0)s + \mu_1 T_0]}{c_0\beta_0^{\mathrm{TD}}[(\mu_1 - \mu_0)s + \mu_1 T_0] + \mu_0 s}\right)\dot{\varepsilon}_{ij} \tag{4.57}$$

式中，$\beta_0^{\mathrm{TD}} = \dfrac{2}{15}\dfrac{3k_0 + 5\mu_0^{\mathrm{TD}}}{k_0 + \mu_0^{\mathrm{TD}}} = \dfrac{2}{15}\dfrac{3k_0(s + T_0) + 5\mu_0 s}{k_0(s + T_0) + \mu_0 s}$。

将式（4.51）进行拉普拉斯逆变换太复杂，得到显式表达式非常困难，通常进行拉普拉斯数值逆变换，数值拉普拉斯逆变换可以参考文献[7-10]。

4.6　数值模拟与实验结果对照

　　PBX 炸药由聚合物黏结剂的颗粒组成。聚合物黏结剂的体积模量和剪切模量分别为 k_0 和 μ_0，颗粒的体积模量和剪切模量分别为 k_1 和 μ_1，c_0 和 c_1 分别为聚合物黏结剂和颗粒的体积分数。所有组成分材料为可向同性的，含能颗粒（RDX）的剪切和体积模量分别为 5.4 GPa 和 12.5 GPa[11-13]。4.3 节介绍了聚合物黏结剂的黏弹性力学关系，聚合物黏结剂的材料参数见表 4.1，研究 PBX 炸药在高应变率下的力学行为，为了简化计算模型，表 4.1 中 4 个麦克斯韦单元被激活，对应 $i=11$，12，13，14。聚合物黏结剂的体积、剪切模量在拉普拉斯变化域内的关系为

$$k_0^{\text{TD}} = k_0 \tag{4.58}$$

$$\mu_0^{\text{TD}} = \sum_{i=1}^{5} \frac{\mu_0^i s}{T_0^i + s} \tag{4.59}$$

由于颗粒为线性弹性材料，颗粒材料在拉普拉斯域内的剪切和体积模量分别为

$$k_1^{\text{TD}} = k_1 \tag{4.60}$$

$$\mu_1^{\text{TD}} = \mu_1 \tag{4.61}$$

　　将式（4.58）～（4.61）分别代入式（4.45）和式（4.46），可以得到 PBX 炸药在拉普拉斯变换域内的等效体积模量和等效剪切模量。但是直接拉普拉斯反演是个非常复杂的方程，单轴加载条件下，在拉普拉斯变换域，复合材料的本构关系可以表示为

$$\boldsymbol{\sigma}(s) = E^{\text{TD}} \boldsymbol{\varepsilon}(s) = E^{\text{TD}} \frac{\dot{\varepsilon}}{s^2} \tag{4.62}$$

式中，$E^{\text{TD}} = \dfrac{9k^{\text{TD}} \mu^{\text{TD}}}{3k^{\text{TD}} + \mu^{\text{TD}}}$；$\boldsymbol{\sigma}$ 和 $\boldsymbol{\varepsilon}$ 分别为单轴应力和应变。

　　表 4.2 为 PBX 炸药的材料参数，将参数代入式（4.62），对式（4.62）数值进行拉普拉斯逆变换即可得到 PBX 炸药单轴应力-应变曲线。本书也利用了不同的拉普拉斯数值反演法验证了结果的有效性。

表 4.2 PBX 炸药各成分的材料参数

成分	本构关系	体积模量	剪切模量	泊松比[12]	密度
黏结剂	弹性	3.6 GPa	$E_i \mathrm{e}^{-t/\tau_i}$	0.250	1.48
RDX	GMM	13.4 GPa	5.84 GPa	0.499	1.85

图 4.8 所示为 PBX 炸药动态轴向应力-应变曲线理论结果与实验结果的对照,当应变率超过 5%时,试件可以实现近似常应变率和获得应力均匀性。实验曲线来源于 2.4.3 节,图 4.8 显示的理论值和实验结果能够较好的吻合在一起,但是当应变率为 2 100 s^{-1} 时,理论预测的应力高于实验值,可能是当应变率大于 2 000 s^{-1} 时,试件产生了损伤,可能是颗粒界面脱粘或者黏结剂开裂等产生了微裂纹所致。实际上,PBX 炸药一类黏弹性材料的黏弹性主要取决于聚合物黏结剂的黏弹性能。

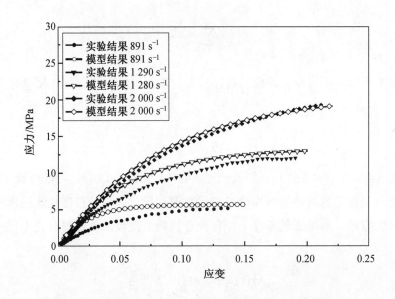

图 4.8 PBX 炸药动态轴向应力-应变曲线理论结果与实验结果的对照

图 4.9 所示为利用 Mori-Tanaka 模量、数值拉普拉斯逆变换预报不同颗粒质量分数时,PBX 炸药在应变率为 2 000 s^{-1} 下的力学行为,其中颗粒为球形,f 代表颗粒体积分数,基体与所研究 PBX 炸药的聚合物黏结剂一致。显然随着颗粒分数的增加,PBX 炸药的动态力学性能逐渐提高。

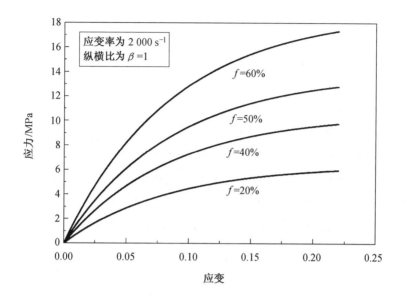

图 4.9 颗粒质量分数对 PBX 炸药力学性能的影响

4.7 本章小结

本章通过时间-温度等效原理得到了黏结剂的主松弛模量曲线，拟合出了黏结剂的松弛模量，利用细观力学的 Mori-Tanaka 模型研究了 PBX 炸药的黏弹性问题。通过拉普拉斯变换，将问题线性化，建立了 PBX 炸药在高应变率下的本构关系，实验结果与理论相吻合，验证了所建立的细观模型的正确性。

PBX 炸药的黏弹性能主要取决于聚合物基体的黏弹性能，PBX 炸药是一类颗粒增强型复合材料，随着颗粒体积分数的增加，PBX 炸药的动态力学逐渐增强。

本章参考文献

[1] 杨挺青，罗波，徐平，等. 黏弹性理论与应用 [M]. 北京：科学出版社，2004.

[2] CLEMENTS B E, MAS E M. Dynamic mechanical behavior of filled polymers. I. Theoretical developments [J]. Journal of applied physics, 2001, 90(11): 5522-5534.

[3] BRINSON H F, BRINSON L C. Polymer engineering science and viscoelasticity [M].

Berlin: Springer, 2008.

[4] KRNER E. Berechnung der elastischen Konstanten des Vielkristalls aus den Konstanten des Einkristalls [J]. Zeitschrift fur phycik a hachons and nuclei,1958, 151(4): 504-518.

[5] BUDIANSKY B. On the elastic moduli of some heterogeneous materials [J]. Journal of the mechanics & physics of solids, 1965, 13(4): 223-227.

[6] MORI T, TANAKA K. Average stress in matrix and average elastic energy of materials with misfitting inclusions [J]. Acta metallurgica, 1973, 21(5): 571-574.

[7] COST T L, BECKER E B. A multidata method of approximate Laplace transform inversion [J]. International journal for numerical methods in engineering, 1970, 2(2): 207-219.

[8] KWOK Y-K, BARTHEZ D. Algorithm for the numerical inversion of laplace transforms [J]. Inverse problems, 1989, 5(6): 1089.

[9] SWANSON S. Approximate laplace transform inversion in dynamic viscoelasticity [J]. Journal of applied physics applied mechanics, 1980, 47(4): 769-774.

[10] DE HOOG F R, KNIGHT J, STOKES A. An improved method for numerical inversion of laplace transforms [J]. SIAm journal on scientific and statistical computing, 1982, 3(3): 357-366.

[11] BARUA A, HORIE Y, ZHOU M. Energy localization in HMX-estane polymer-bonded explosives during impact loading [J]. Journal of applied physics, 2012, 111(5): 054902.

[12] BARUA A, ZHOU M. A Lagrangian framework for analyzing microstructural level response of polymer-bonded explosives [J]. Modelling & simulation in materials science & engineering, 2011, 19(5): 55001.

[13] XUE L, BORODIN O, SMITH G D, et al. Micromechanics simulations of the viscoelastic properties of highly filled composites by the material point method (MPM) [J]. Modelling and simulation in materials science and engineering, 2006, 14(4): 703.

第 5 章 PBX 炸药的冲击损伤观测和表征

5.1 引 言

由于 PBX 炸药的含能颗粒的刚度远大于其基体的刚度，而且颗粒质量分数一般大于 60%，因此 PBX 炸药具有很高的颗粒填充比及颗粒敏感性的特性，颗粒具有诱导其损伤的因素，因此具有不同于其他颗粒复合材料的损伤特征。

PBX 炸药在外载荷下会产生各种形式的损伤，如孔洞、微裂纹等，不同的载荷环境会产生不同的损伤模式，通过研究 PBX 炸药在不同环境下的损伤模式，对 PBX 炸药的感度、燃烧及爆炸的了解具有意义，可以为 PBX 炸药的安全性研究奠定基础[1, 2]。

本章采用一级轻气炮装置对该 PBX 炸药进行冲击损伤的观测和表征。通过控制子弹速度以及载荷环境，可以对 PBX 炸药试样产生不同程度的冲击损伤，标定 PBX 炸药的损伤模式。在采用多种方式对该 PBX 炸药的冲击损伤后的试件进行表征和观察，如微裂纹尺寸、密度测量和 SEM 扫描电镜的观察等。

5.2 PBX 炸药单轴冲击损伤实验研究

5.2.1 实验装置

本节主要研究 PBX 炸药在无约束条件下的冲击损伤实验，加载冲击速度小、压力小，故选用一级轻气炮作为加载设备。测量系统如图 5.1 所示，在实验时通过控制子弹速度，从而对 PBX 炸药样品产生不同程度的冲击损伤。

如图 5.2 所示，加载的子弹选用空心铝弹，外径为 20 mm，内径为 16 mm，质量为 27 g。采用激光测速仪测量子弹速度，所用的应力测量传感器为自制的 PVDF 压力传感器，测量电路选择电流模式，示波器为四信号通过的 TDS654C，完成数据的采集存储。

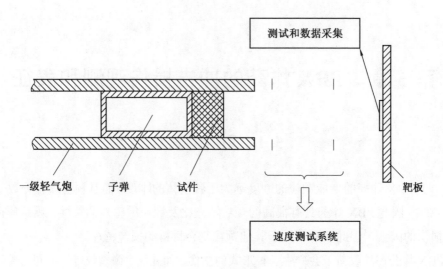

图 5.1　实验装置示意图

图 5.2　实验用空心铝弹

5.2.2　PVDF 压力传感器标定

聚偏二氟乙烯（Polyvinylidene Fluoride，PVDF）是一种含氟的热塑性有机压电材料，又称为压电聚合物。这类材料具有材质柔韧、密度低、阻抗低、频响高和压电系数高等优点，且横向尺寸薄、不需要外加电源，非常适合测试材料内部的应力波传播，因此将 PVDF 薄膜制作为压力传感器，可以广泛应用于冲击、引燃引爆等瞬态效应实验中。

本章采用图 5.3 所示的电流模式测试电路，通过测量 PVDF 压力传感器串联的电阻 R 两端的电压来表示流过 PVDF 压力传感器的电流 $i(t)$ 的变化。

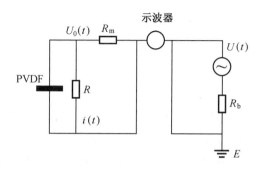

图 5.3　PVDF 压力传感器的测试电路

在冲击应力脉冲的作用下，PVDF 压力传感器的放电电量可以由通过积分流过电阻 R 的电流获得：

$$q(t) = \int_0^t \frac{U(\tau)}{R} \mathrm{d}\tau \tag{5.1}$$

该应力脉冲与 PVDF 压力传感器放电电量关系为

$$\sigma(t) = \frac{q(t)}{A \times d_{33}} \tag{5.2}$$

式中，d_{33} 为极化方面的动态压电系数；A 为 PVDF 压力传感器的敏感面积。

由式（5.1）和式（5.2）可以得到电流模式下应力与测试电压的关系式

$$\sigma(t) = \frac{1}{d_{33}} \int_0^t \frac{U(t)}{RA} \mathrm{d}t = \frac{\int_0^t U(t)\mathrm{d}t}{d_{33}RA} \tag{5.3}$$

利用 $\phi 20$ mm 的 SHPB 标定 PVDF 压力传感器的动态压电系数，将 PVDF 压力传感器置于入射杆和透射杆之间。实验中发现，入射波和透射波应力近似相等，可以通过测试透射杆上的应变信号的平均值得到作用在 PVDF 压力传感器上的应力值：

$$\sigma_i(t) \approx \sigma_t(t) \tag{5.4}$$

式中，$\sigma_i(t)$ 为入射波；$\sigma_t(t)$ 为透射波。

在示波器上记录下测试电阻两端的电压信号，根据式（5.1）得到 PVDF 压力传感器的放电电荷量 $q(t)$，则单位面积上的放电电荷量 $q(t)/A$ 与透射平台平均值 $\sigma_t(t)$ 的关系为

$$\sigma_t(t) \times d_{33} = \frac{1}{A} q(t) \tag{5.5}$$

通过分析 SHPB 装置在不同弹速下对应的 σ 与 q 的关系，可以确定出 PVDF 压力传感器的动态压电系数的取值 d_{33}，其中 σ 为 SHPB 实验测得透射波应力波的平均值，q 为示波器测得总的放电电荷量。该实验中 PVDF 压力传感器的尺寸为 8 mm×8 mm×100 μm，标定实验共进行了 20 次。由图 5.4 可知，单位面积上 PVDF 积分电荷量值 q 和 SHPB 透射应力平台平均值 σ 一一对应，该 PVDF 的动态压电系数为 d_{33}=34.36 pC/N。

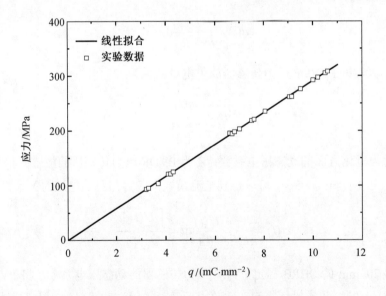

图 5.4　PVDF 压力传感器的标定曲线

5.2.3　实验结果

为了获得完整的冲击损伤情况，以便于随后的损伤观测和表征分析，冲击速度

从低速到高速分别进行了冲击加载，直至试件破坏无法回收。PBX 炸药冲击损伤实验结果见表 5.1，表中为不同冲击速度下的应力峰值和回收试件损伤程度。

表 5.1　PBX 炸药单轴冲击损伤实验结果

序号	冲击速度/(m·s⁻¹)	应力峰值/MPa	损伤程度
1	20.5	17.8	无损伤
2	42.8	32.4	出现轻微裂纹
3	—	37.5	径向开裂，产生宏观损伤
4	63.5	45.9	试件完全开裂
5	90.5	71.5	试件开裂
6	—	80.6	破碎较为严重
7	110.5	88.5	无法回收，产生"碎须"
8	120	102.5	无法回收

材料在冲击载荷的作用下产生冲击损伤，损伤形式主要为微裂纹。从实验结果可以看出，随着速度的增加，冲击损伤越来越严重。不同冲击载荷下回收的样品如图 5.5 所示，在冲击速度低于 20.5 m/s 时，损伤试件基本保持完整，未见宏观裂纹；当冲击速度大于 20.5 m/s 时，试件出现了宏观裂纹；当冲击速度超过 110.5 m/s 时，试件已经基本上无法回收。典型的实验曲线如图 5.6 所示。冲击波压力与冲击损伤程度之间的关系与冲击速度相似，即随着子弹加载速度的增加，冲击压力相应增加，损伤程度也越来越严重。当冲击压力低于 17.8 MPa 时，试件基本保持完整，无宏观裂纹出现；当冲击压力大于 32.4 MPa 时，试件虽然基本保持完整，但产生了宏观裂纹。

当冲击压力峰值在 32.4 MPa～71.5 MPa 阶段时，试件开始出现大量宏观裂纹，出现了宏观损伤。如图 5.5（b）和图（c）所示，试件中出现了可见的宏观裂纹，有的裂纹沿试件轴向发展，有的裂纹沿着试件径向发展。在较低的冲击速度作用下，试样会发生轴向开裂，裂纹垂直于加载方向，裂纹开裂平面与加载方向平行，因此从裂纹走势看出材料的抗拉性能明显较弱；当冲击速度较高时，试样开裂成块。这与压装炸药 PBX9501 的破碎形式类似。

当冲击压力大于 71.5 MPa，为 80 MPa 左右时，PBX 炸药试件无法回收，变成大量的"碎须"状，与压装 PBX9501 等炸药对照存在差别。PBX9501 损伤模式为脆性损伤，当冲击压力很大时，试件会成为粉末状。PBX9501 的损伤形式主要是微裂纹的扩展，随着应力的增加，产生大量的微裂纹，微裂纹扩张或相交，同时产生大量新的微裂纹。本书研究的 PBX 炸药，当冲击压力小于 71.5 MPa 时，主要的损伤形式为裂纹的扩展；当冲击速度大于 110.5 m/s 时，PBX 炸药的应变率相应很大，由于径向变形很大，会产生孔洞，因此 PBX 炸药不是粉末状，而是"碎须"状，连接在一起。主要原因是 PBX 炸药的韧性较好，能够产生很大的变形。

（a）冲击压力峰值为 17.8 MPa

（b）冲击压力峰值为 37.5 MPa

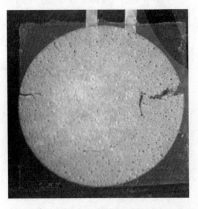
（c）冲击压力峰值为 45.9 MPa

（d）冲击压力峰值为 88.5 MPa

图 5.5　不同冲击载荷下回收的试件

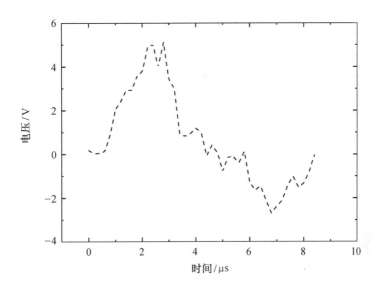

（a）原始信号

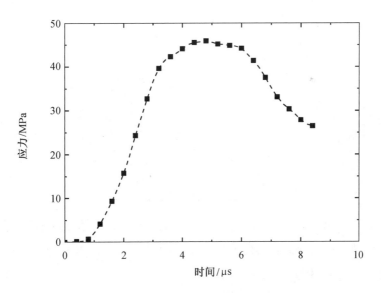

（b）应力-时间曲线

图 5.6　典型实验曲线

5.3　PBX炸药的三轴冲击损伤实验研究

5.3.1　冲击损伤加载及回收装置

采用低速轻气炮进行冲击加载，通过控制轻气炮发射舱室的气体压力和子弹质量可以使子弹获得不同的飞行速度，从而对PBX炸药实验造成不同程度的冲击损伤。为了避免损伤过大，试样用金属套筒进行径向约束，研究PBX炸药在多轴载荷下的损伤机制及断裂模式。测试系统示意图如图5.7所示。

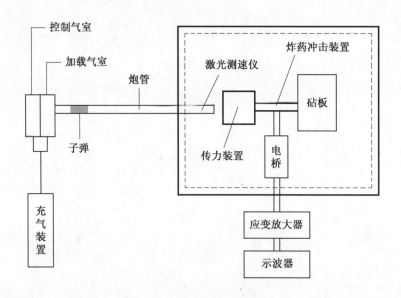

图 5.7　测试系统示意图

图 5.8 所示为低速冲击损伤实验的加载装置示意图。如图 5.8 所示，加载装置主要由传力柱、阴阳槽、套筒、锁紧螺母、击柱和砧板组成。实验装置装配实物图如图 5.9 所示。试件尺寸为 $\phi 20\,mm \times 5\,mm$，为了方便试件回收，将钢套筒加工为如图 5.9（d）所示的结构，外侧用钢套筒约束，然后通过锁紧螺母固定于击柱上。子弹采用淬火的 Q235 钢，实验时经过轻气炮发射出的子弹到达炮口后，通过激光测速仪测得子弹速度，子弹与传力柱撞击，产生应力脉冲，该脉冲经过传力杆到达试件

表面，在试件与传力柱表面发生反射和透射，透射波穿过试件到达击柱杆，通过测得穿过试件的应力脉冲，研究试件在该应力波作用下的损伤形式，进行表征。将如图 5.9（b）所示的实验装置安装在高压防护舱中，必须保证炮管与实验装置轴线一致，从而保证子弹撞击传力柱时的平行度。

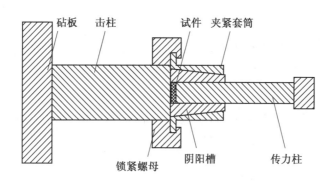

图 5.8　低速冲击损伤实验的加载装置示意图

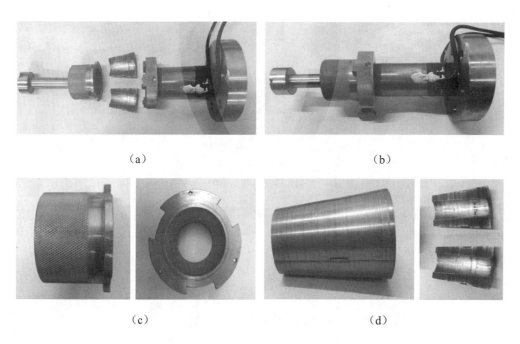

（a）　　　　　　　　　　　　　　　（b）

（c）　　　　　　　　　　　　　　　（d）

图 5.9　实验装置装配实物图

5.3.2 实验结果

图 5.10 所示为不同冲击条件下引起的 PBX 炸药密度的变化，撞击压力越大，损伤越严重，材料的密度减小越快。图 5.11 所示为不同尺寸子弹在不同冲击速度下击柱上应变片采集到的应力历程曲线，其中图 5.11（a）～（c）中子弹长度分别为 60 mm、100 mm 和 120 mm。显然，增加子弹长度，试件中的应力波脉冲时间增加；增加子弹冲击速度，应力波峰值增加。冲击实验后，对回收样品进行质量和体积测量、和显微镜分析观察。

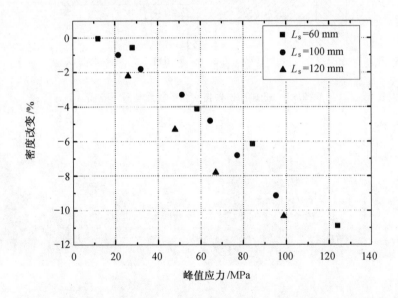

图 5.10　不同冲击条件下损伤前后 PBX 炸药的密度变化

表 5.2 为低速冲击时，不同子弹长度和不同冲击速度下产生的峰值压力和 PBX 炸药样品的密度的变化。

表 5.2　多轴冲击损伤实验结果

序号	子弹长度/mm	冲击速度/(m·s⁻¹)	峰值应力/MPa	密度浓度/%
1	60	17.1	12.331 03	−0.05
2	60	31.8	29.075 86	−0.57
3	60	42.1	60.358 62	−4.12
4	60	55.8	87.255 17	−6.15
5	60	77.8	128.137 9	−10.9
6	100	20.5	22.234 48	−0.29
7	100	25.2	32.993 1	−1.8
8	100	29.6	52.965 52	−2.3
9	100	35.8	66.758 62	−4.8
10	100	46.2	79.834 48	−6.8
11	100	53.8	98.4	−9.14
12	120	16.8	26.841 38	−1.2
13	120	21.4	49.6	−5.30
14	120	25.6	69.379 31	−7.8
15	120	32.4	102.124 1	−9.32

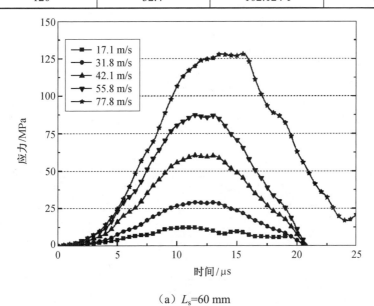

（a）L_s=60 mm

图 5.11　三轴冲击损伤实验采集到压力-时间曲线

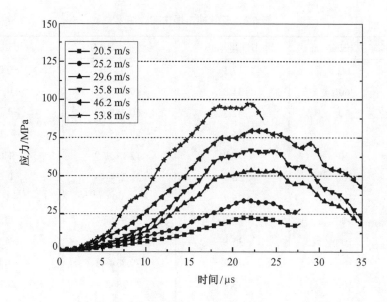

（b）L_s=100 mm

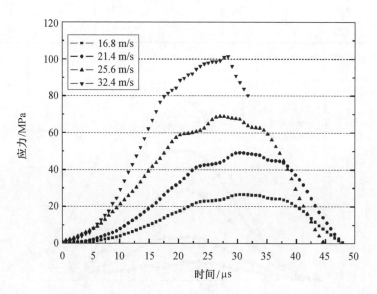

（c）L_s=120 mm

续图 5.11

当子弹长度为 60 mm 速度，为 77.8 m/s 时，PBX 炸药冲击损伤面产生了大量的宏观裂纹。通过对照表 5.2 中第 2 组（L_s=60 mm）和第 7 组实验数据（L_s=100 mm），发现在击柱上产生的应力波峰值近似相等，但是通过 SEM 扫描分析发现，第 7 组试件上产生的微裂纹数和损伤情况显然比第 2 组严重，主要原因是应力波的作用时间不同。当子弹长度为 60 mm 时，应力波的作用时间大约为 20 μs；当子弹长度为 100 mm 时，应力波的作用时间大约为 40 μs。同时由图 5.12 也可知，子弹越长，应力波脉冲时间越长。

通过对照表 5.2 中第 2 组和第 15 组实验数据，发现击柱杆上的峰值压力分别为 29 MPa 和 102 MPa，后者的冲击压力是前者的 3 倍。增加子弹长度，增加了应力波的作用时间，同时增加了冲击应力波的大小，第 15 组损伤情况明显比第 2 组严重。

图 5.12 所示为不同加载速度下，PBX 炸药试件中心位置微裂纹的长度变化，其中图 5.12（a）所示为原始试件，显然颗粒和黏结剂的轮廓清晰，未观察到微裂纹和微孔洞。图 5.12（b）～（d）分别为子弹长度为 60 mm，冲击速度为 31.8 m/s、42.1 m/s 和 55.8 m/s 时，试件中心位置微裂纹的长度，其中裂纹长度分别大约为 95 μm、200 μm 和 269 μm。显然在子弹长度一定的情况下，随着冲击速度的增加，微裂纹的长度逐渐增加。

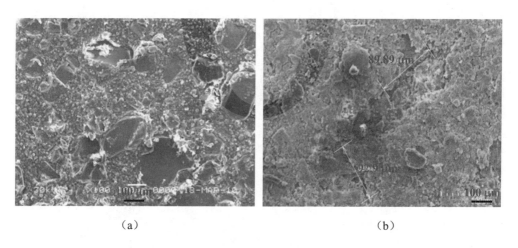

|　　（a）　　|　　（b）　　|

图 5.12　不同加载速度下，试件中心位置微裂纹长度的变化

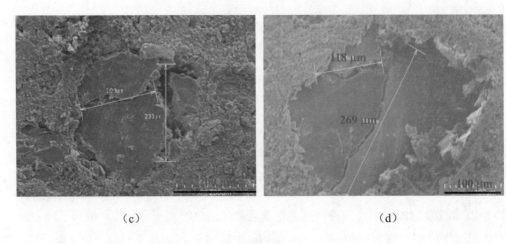

（c）　　　　　　　　　　　　　　（d）

续图 5.12

图 5.13 所示为子弹长度为 60 mm、速度为 77.8 m/s 时，试件端面的形貌图。观察发现，试件加载过程中起裂位置并不是严格地在试件中心，而是中心点附近的某些位置，裂纹通常在大颗粒的边界首先形成，这种损伤称为颗粒诱导损伤，这些微裂纹随载荷增加或冲击时间的增加逐渐生长贯通，最后导致裂纹进一步扩展直至材料破坏。图 5.13（b）为典型的裂纹路径，裂纹主要沿着大颗粒边界扩展。

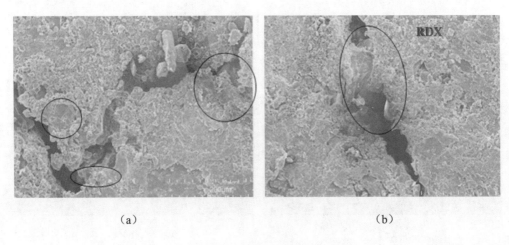

（a）　　　　　　　　　　　　　　（b）

图 5.13　试件端面形貌图

5.4　PBX 炸药的细观损伤形貌

在外界载荷作用下，PBX 炸药的损伤演化和发展导致试件产生损伤，力学性能下降，最后失去承载能力，通过对断口的细观观察和分析可以定性探讨 PBX 炸药的细观损伤模式。PBX 炸药的拉伸、压缩力学行为存在差异，PBX 炸药抗压不抗拉，在拉伸载荷的作用下，主要是黏结剂和颗粒界面的脱粘，或者黏结剂失效。在单轴冲击加载条件下，试件受到一个轴向的压缩，类似于径向拉伸，试件会发生轴线开裂，即裂纹开裂平面垂直于加载方向，从裂纹走势来看，材料的抗拉性能明显较弱。在压缩载荷的条件下，PBX 炸药的破坏模式既有炸药颗粒的脆性断裂，也有黏结剂与颗粒的脱粘以及黏结剂的断裂。

图 5.14 所示为 PBX 炸药单轴冲击损伤回收试件的 SEM 扫描图，其中图 5.14（a）、图 5.14（b）为通过 SEM 扫描电镜观察图 5.14（c）中的断口形貌，从图 5.14（a）和图 5.14（b）中可以看出，颗粒从基体中拉出，可以观察到炸药颗粒拔出后留下的凹坑，拔出的颗粒表面比较光滑，没有或只有很少的黏结剂残留，这种颗粒和基体界面的断裂称为沿晶断裂。同时在一些炸药颗粒上还观察到了微裂纹（图 5.14（a）箭头所示），这种损伤形式称为穿晶断裂，显然沿晶断裂伴随有很少穿晶断裂。

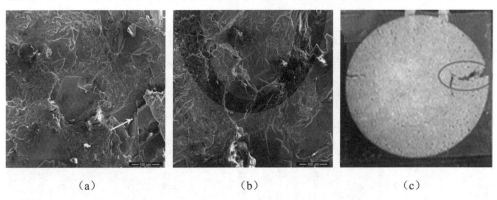

（a）　　　　　　　　　　（b）　　　　　　　　　　（c）

图 5.14　PBX 炸药在单轴冲击载荷作用下沿晶断裂

图 5.15 所示为 PBX 炸药在单轴冲击加载下试件撞击面的损伤形貌，图 5.15（a）所示为 PBX 炸药试件中大颗粒开裂，图 5.15（b）所示为黏结剂的断裂以及黏结剂和颗粒界面开裂。在单轴冲击载荷作用下，PBX 炸药试件中首先产生大颗粒与黏结

·131·

剂的界面脱湿，产生微裂纹，裂纹逐渐扩展相交，随着冲击载荷的增加出现了大颗粒的开裂以及大量宏观裂纹。

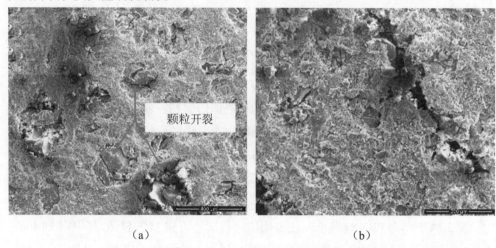

（a） （b）

图 5.15　PBX 炸药在单轴冲击下撞击面的损伤形貌

图 5.16（a）所示为 PBX 炸药在三轴冲击加载下基体与颗粒的开裂，这种损伤形式称为脱湿，在图 5.16（b）中可以观察到大颗粒的开裂。试件受到径向约束，试件撞击面会产生颗粒与基体的界面开裂，冲击速度越高，产生颗粒与基体的界面开裂越严重。

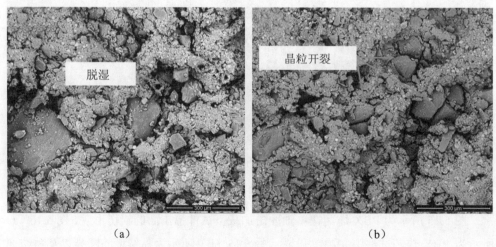

（a） （b）

图 5.16　PBX 炸药在三轴冲击加载下的损伤形貌

图 5.17 所示为晶体颗粒破碎，试件受到径向约束，子弹长度为 60 mm，速度为 55.8 m/s，峰值压力为 87 MPa。可以看出，PBX 炸药样本中颗粒开裂破碎，同时在破碎的颗粒上存在微裂纹，冲击速度越高，颗粒破碎越严重。

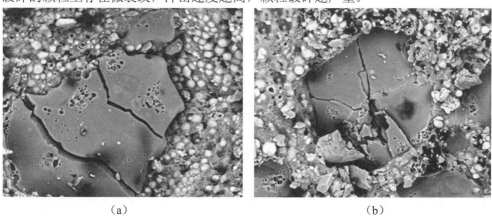

（a）   （b）

图 5.17   PBX 炸药在多轴冲击下晶体颗粒破碎及穿晶断裂

图 5.18 所示为 PBX 炸药在三轴冲击加载下撞击面不同位置的损伤形貌，与撞击加载前试件相比，撞击后的试件裂纹增加。图 5.18（a）为试件边缘的损伤形貌图，图 5.18（c）为试件中心的损伤形貌图，显然试件中心位置的裂纹数量比试件边缘位置更多，同时还有一条贯穿多个炸药颗粒的裂纹。图 5.19 所示为 PBX 炸药在三轴加载下的撞击面的不同位置的损伤形貌，通过扫描电镜可以观察到大量的微裂纹和孔洞，主要产生在试件中心。

（a）边缘位置   （b）中心与边缘之间位置   （c）中心位置

图 5.18   PBX 炸药在多轴冲击下撞击面不同位置的损伤形貌

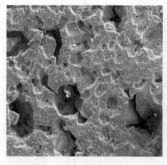 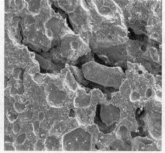 

（a）中心位置　　　　　　（b）中心与边缘之间位置　　　　　（c）边缘位置

图 5.19　PBX 炸药在多轴冲击下撞击面不同位置的损伤形貌

5.5　本章小结

本章设计了采用轻气炮驱动子弹冲击加载 PBX 炸药，进行了单轴冲击加载损伤实验的观测和表征，另外还设计了对 PBX 炸药的三轴冲击损伤实验观测和表征研究，从中可以得到以下结论：

（1）在单轴冲击加载条件下，试件会发生轴向开裂，裂纹垂直于加载方向，裂纹开裂平面与加载方向平行，因此从裂纹走势看出材料的抗拉性能明显较弱。当冲击速度较高时，试样开裂成块；冲击压力较小时，该 PBX 炸药的主要细观损伤模式表现为晶体颗粒与黏结剂脱粘，随着冲击压力的增加，尺寸较大的颗粒可能会发生穿晶断裂，不断增加压力，较小的颗粒也会发生穿晶断裂。

（2）在三轴加载条件下，PBX 炸药主要的损伤形式是颗粒与黏结剂的脱粘和颗粒开裂，黏结剂中出现了大量的微裂纹，细观损伤主要为微裂纹的扩展。

（3）通过对回收试件的细观分析，可以看出在冲击加载方式下的损伤破坏都是以微裂纹为主的脆性损伤，但是在损伤破坏的主体上有一定的差别。

本章参考文献

[1] XIAO Y, SUN Y, ZHEN Y, et al. Characterization, modeling and simulation of the impact damage for polymer bonded explosives [J]. International journal of impact

engineering, 2017, 103: 149-158.

[2] CHEN P, HUANG F, DAI K, et al. Detection and characterization of long-pulse low-velocity impact damage in plastic bonded explosives [J]. International journal of impact engineering, 2005, 31(5): 497-508.

第6章 PBX 炸药的损伤模型研究

6.1 引 言

PBX 炸药在不同加载条件下的显微镜分析中，观察到界面脱湿、颗粒开裂、黏结剂开裂等多种形式的损伤。对 PBX 炸药细观损伤行为进行严格的理论分析比较困难，只能通过简化模量来描述 PBX 炸药的损伤行为。

从组分上考虑，PBX 炸药主要由含能颗粒 RDX 和黏结剂组成，含能颗粒 RDX 是一种弹脆性材料，在较小的变形下，容易引起损伤，而黏结剂是一种黏弹性材料，受应变率的影响很大。

本章利用广义能量释放率建立微裂纹随机分布损伤体中微裂纹的扩展准则和扩展速度方程，假设微裂纹的平均半径的增长率基本上依赖于应力强度，结合动态断裂理论中微裂纹扩展的速度公式建立了微裂纹的损伤演化方程，并应用损伤力学理论，建立了微裂纹体的损伤模型，通过串联耦合广义黏弹性单元体的方式引入黏弹性效应，建立了广义黏弹性统计损伤模型。

6.2 PBX 炸药细观损伤理论

PBX 炸药细观损伤理论采用细观损伤力学和材料力学的一些方法，对 PBX 炸药的细观结构（如微裂纹、孔洞等）缺陷的力学行为进行研究，采用一定平均化方法，把细观损伤体元的本构关系推广到材料的宏观性质中。这种损伤理论一方面忽略了损伤过于复杂的微观物理过程，避免了微观统计力学的烦琐计算；另一方面又包含了不同细观几何构造，为损伤变量和损伤演化方程的建立提供了一定的物理背景。

在细观损伤力学理论中，如何计算损伤体元的等效模量是一个核心问题。多数的脆性细观损伤理论都采用了等效介质方法，即认为微裂纹处于一种等效的弹性介质中，并假设每个微裂纹周围的外场与其他微裂纹的准确位置无关。如果完全忽略微裂纹之间的相互作用和相互影响，即认为每个微裂纹处于没有损伤的弹性基体中，微裂纹受到的载荷等于远场柯西应力，这种方法称为泰勒模型方法或稀疏分布方法。这类细观损伤模型比较简单，对于微裂纹分布较稀疏的情况有足够的精度。由于微裂纹之间既有应力屏蔽作用，又有应力放大作用，在包含大量微裂纹的材料体元中，这两种应力作用对力学模量的影响是可以相互抵消的，因此泰勒模型方法实际上的适用范围要比预期范围更广泛。而且在一些情况下，忽略微裂纹相互作用得到的结果比考虑微裂纹相互作用的自洽方法和微分方法等得到的结果更接近材料的实际力学行为。这种观点虽然尚未被普遍接受，却是有一定道理的。

6.3　广义黏弹性统计裂纹本构模型

6.3.1　黏弹性统计损伤裂纹模型

图 6.1 所示为黏弹性统计损伤裂纹模型，该模型由一个包含多个麦克斯韦体并联的黏弹性体和一个微裂纹损伤体串联而成。

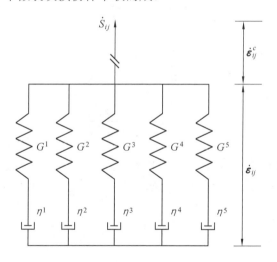

图 6.1　Visco-SCRAM 模型原理示意图

应力率和应变率以球张量和偏张量的形式表示，总的应力率可以表示为应力率和平均应力率之和

$$\dot{\sigma}_{ij} = \dot{S}_{ij} + \dot{\sigma}_m \delta_{ij} \tag{6.1}$$

单个麦克斯韦黏弹性单元中，弹性元件中偏应力和偏应变之间的关系为

$$S_{ij}^{e} = 2Ge_{ij}^{e} \tag{6.2}$$

单个麦克斯韦黏弹性单元中，黏性元件中偏应力和偏应变之间的关系为

$$S_{ij}^{v} = 2\eta \dot{e}_{ij}^{v} \tag{6.3}$$

由于黏弹性体是由弹性元件和黏性串联而组成，所以两部分单元的偏应力相等，而偏应力等于两部分单元的偏应变之和，即

$$S_{ij}^{v} = S_{ij}^{e} = S_{ij} \tag{6.4}$$

$$\dot{e}_{ij} = \dot{e}_{ij}^{e} + \dot{e}_{ij}^{v} \tag{6.5}$$

由式（6.2）～（6.5）可得

$$\dot{e}_{ij} = \frac{\dot{S}_{ij}}{2G} + \frac{S_{ij}}{2\eta} \tag{6.6}$$

式中，G 和 η 分别为单个麦克斯韦体中弹性元件的剪切模量和黏性元件的黏性系数。

由式（6.6）可得，第 n 个麦克斯韦黏弹性单元的偏应力和偏应变之间的关系为

$$\dot{S}_{ij}^{(n)} = 2G^{(n)}\dot{e}_{ij}^{v} - \frac{S_{ij}^{(n)}}{\tau^{(n)}} \tag{6.7}$$

Visco-SCRAM 模型由 N 个麦克斯韦体单元并联而成，广义麦克斯韦体的偏应变与每个麦克斯韦体的偏应变率相同，而偏应力为每个麦克斯韦体元的偏应力之和，即

$$\dot{S}_{ij} = \sum_{n=1}^{N} \dot{S}_{ij}^{(n)} \tag{6.8}$$

由式（6.7）和式（6.8）可知

$$\dot{S}_{ij} = \sum_{n=1}^{N} \dot{S}_{ij}^{(n)} = \sum_{n=1}^{N} \left(2G^{(n)}\dot{e}_{ij}^{v} - \frac{S_{ij}^{(n)}}{\tau^{(n)}} \right) \tag{6.9}$$

式（6.9）可化为

$$\dot{e}_{ij}^{v} = \frac{\dot{S}_{ij} + \sum_{n=1}^{N} \dfrac{S_{ij}^{(n)}}{\tau^{(n)}}}{\sum_{n=1}^{N} 2G^{(n)}} = \frac{\dot{S}_{ij} + \sum_{n=1}^{N} \dfrac{S_{ij}^{(n)}}{\tau^{(n)}}}{2G_{\text{total}}} \qquad （6.10）$$

式中

$$G_{\text{total}} = \sum_{n=1}^{N} G^{(n)} \qquad （6.11）$$

6.3.2 微裂纹体的本构关系

1. 微裂纹扩展模型的假设条件

细观层次的损伤包括微裂纹、微孔洞、失稳带和界面失效。以微裂纹为代表的损伤为脆性损伤；以微孔洞为代表的损伤为韧性损伤；微裂纹和孔洞都存在的损伤为准脆性损伤；既有微裂纹又有微孔洞，但是以微裂纹为主要损伤的为脆性损伤。通过上一章中 PBX 炸药的损伤模式的研究分析，发现 PBX 炸药的损伤形成主要是以微裂纹扩展为主。损伤本构的建立中按脆性材料处理，微裂纹为损伤基元。采用等效介质方法，认为微裂纹处于一种宏观等效的黏弹性介质中。

首先，假设微裂纹为各向同性分布的，不考虑微裂纹的具体取向、位置和尺寸，而引入统计分布规律。通过 SEM 电镜扫描可知，PBX 炸药是一种典型的初始损伤材料，材料内部微裂纹的分布为随机的，而且还有不同尺寸的微裂纹，使得材料宏观表现为各向同性材料。

其次，忽略了成核效应。通过实验发现，微裂纹主要决定 PBX 炸药的力学行为，而成核效应对 PBX 炸药力学性能的影响较小。同时，不同尺寸的微裂纹的临界扩展应力阈值不同，而 PBX 炸药中的微裂纹的分布较广，因此很难确定定常的成核应力，基于上述因素忽略成核效应。当裂纹尖端的能量释放率大于临界能量释放率时，微裂纹以瑞利波速扩展，主要扩展因素是微裂纹动态失稳扩展机制；当微裂纹尖端的能量释放率小于临界能量释放率时，微裂纹也扩展，主要的扩展机制是热激活耗散机制。

最后，忽略微裂纹之间的相互作用，主要是微裂纹之间的应力集中和应力屏蔽效应[1]。应力集中效应是指由于微裂纹扩张，裂纹尖端局部区域应力场强度增强，应力集中效应促进微裂纹的演化、扩张；应力屏蔽效应是指微裂纹的演化、扩展会引起微裂纹界面附近材料应力松弛，从而削弱微裂纹尖端的应力场强度，降低应力集中程度，从而抑制了微裂纹的演化、扩展。这两种力学效应作用对材料模量的影响被认为是可以相互抵消的，因此可以近似忽略。

基于以上几条假设，可以将模型简化为每个微裂纹处于没有损伤的黏弹性基体中，每个微裂纹受到的载荷为远场应力。如图 6.1 所示的模型示意图，微裂纹主要存在于界面和颗粒开裂，聚合物黏结剂没有损伤。其中 $\dot{\varepsilon}^c$ 代表微裂纹的扩展，广义麦克斯韦模型代表黏弹性基体。

2. 微裂纹体损伤度的定义

一般来说，脆性材料体元中的损伤度常用如下形式的定义[2, 3]：

$$D = AN_0c^3 = \left(\frac{c}{a}\right)^3 \tag{6.12}$$

式中，N_0 为微裂纹的初始分布函数；A 和 a 均为材料常数；c 为微裂纹的平均半径。

由损伤度的定义式（6.12）可以得到损伤演化方程为

$$\dot{D} = A(\dot{N}_0c^3 + 3N_0c^2\dot{c}) \tag{6.13}$$

由于忽略了裂纹的成核效应，故 $\dot{N}_0 = 0$，因此式（6.13）可以化为

$$\dot{D} = 3AN_0c^2\dot{c} \tag{6.14}$$

当微裂纹能量尖端释放率大于临界能量释放率时，微裂纹开始演化扩张，PBX炸药产生损伤。但是 PBX 炸药没有失去承载能力，应力增加，当微裂纹扩张半径很大时，失去承载能力，应力将下降。

3. 微裂纹体的本构关系

如图 6.2 所示为 PBX 炸药中微裂纹随机分布示意图。

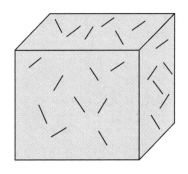

图 6.2　PBX 炸药中微裂纹随机分布示意图

Seaman 等[4]人对脆性材料中微裂纹尺寸分布情况进行了大量实验研究后认为，指数函数分布形式能较好地反映弥散型微裂纹的尺寸分布特征，并且在变形过程中，微裂纹也近似保持指数函数的分布特征。本书采用了指数函数分布形式：

$$n(c, \boldsymbol{n}, t) = \frac{N_0(t)}{\overline{c}(\boldsymbol{n}, t)} \mathrm{e}^{-\frac{c}{\overline{c}(\boldsymbol{n}, t)}} \tag{6.15}$$

$$N_0(\boldsymbol{n}) = \int_c \boldsymbol{n}(c, \boldsymbol{n}, t) \mathrm{d}c \tag{6.16}$$

式中，$N_0(\boldsymbol{n})$ 为微裂纹体中初始状态法向矢量为 $\boldsymbol{n}$ 的微裂纹的总数目。

$$N_0 = \int_{\Omega} \int_c \boldsymbol{n}(c, \boldsymbol{n}, t) \mathrm{d}c \mathrm{d}\Omega \tag{6.17}$$

$$\overline{c} = \frac{1}{N_0} \int_{\Omega} \int_c \boldsymbol{n}(c, \boldsymbol{n}, t) c \mathrm{d}c \mathrm{d}\Omega \tag{6.18}$$

式中，N_0 为微裂纹体中微裂纹的数目；$\overline{c}$ 为微裂纹体中微裂纹的平均等效尺寸。

微裂纹体在远场应力的作用下变形，由于微裂纹界面间材料变形不协调，产生相对运动（沿着微裂纹界面的剪切滑动和沿着微裂纹界面的法向张拉运动），这种相对运动会给微裂纹带来附加应变，影响微裂纹体的刚度等模量。由于单个微裂纹的存在引起微裂纹体单元变形，从而引起附加应变为[5, 6]

$$\varepsilon_{\mathrm{c}}(\boldsymbol{\sigma}, t) = \varepsilon_{\mathrm{c}}^0(\boldsymbol{\sigma}, t) + \varepsilon_{\mathrm{c}}^{\mathrm{s}}(\boldsymbol{\sigma}, t) \tag{6.19}$$

式中，$\varepsilon_c(\sigma,t)$ 为微裂纹的相对运动引起的附加应变；$\varepsilon_c^0(\sigma,t)$ 为微裂纹的张拉运动引起的附加应变；$\varepsilon_c^t(\sigma,t)$ 为微裂纹的剪切滑移引起的附加应变。

由文献可知[7, 8]，$\varepsilon_c^0(\sigma,t)$ 和 $\varepsilon_c^t(\sigma,t)$ 分别为

$$\varepsilon_c^0(\sigma,t) = \frac{16}{G}(1-\upsilon)\int_V\int_\Omega N_0 c^3(n,t)\langle n\cdot\sigma\cdot n\rangle n\otimes n\,\mathrm{d}\Omega\mathrm{d}V \tag{6.20}$$

$$\varepsilon_c^s(\sigma,t) = \frac{16}{G}\frac{1-\upsilon}{2-\upsilon}\int_V\int_\Omega N_0 c^3(n,t)\{(\sigma\cdot n)n\otimes(\sigma\cdot n)-2(n\cdot\sigma\cdot n)n\otimes n\}\mathrm{d}\Omega\mathrm{d}V \tag{6.21}$$

式中，σ 为远场柯西应力；c 为微裂纹尺寸；G 为微裂纹基体材料的剪切模量；υ 为泊松比；$\langle*\rangle$ 为 Macauley 括号。

当微裂纹处于压缩闭合状态时，$n\cdot\sigma\cdot n<0$，将式（6.20）和式（6.21）展开后，可得

$$\varepsilon_c^0(\sigma,t) = 0 \tag{6.22}$$

$$\varepsilon_c^s(\sigma,t) = \frac{128\pi}{5G}\frac{1-\upsilon}{2-\upsilon}N_0\overline{c}^3 S_{ij} \tag{6.23}$$

式中，S_{ij} 为微裂纹的偏应力。

由式（6.22）和式（6.23）可得压缩闭合微裂纹的相对运动引起的附加应变为

$$\varepsilon_c(\sigma,t) = \varepsilon_c^0(\sigma,t)+\varepsilon_c^s(\sigma,t) = \frac{128\pi}{5G}\frac{1-\upsilon}{2-\upsilon}N_0\overline{c}^3 S_{ij} \tag{6.24}$$

微裂纹体偏应力和偏应变的关系为

$$\varepsilon_{ij}^c = \frac{128\pi}{5G}\frac{1-\upsilon}{2-\upsilon}N_0\overline{c}^3 S_{ij} \tag{6.25}$$

当微裂纹处于拉伸张开状态时，$n\cdot\sigma\cdot n>0$，将式（6.20）和式（6.21）展开后，可得

$$\varepsilon_c(\sigma,t) = \varepsilon_c^0(\sigma,t)+\varepsilon_c^s(\sigma,t) = \frac{64\pi(1-\upsilon)}{15(2-\upsilon)G}\overline{c}^3 N_0[2(5-v)\sigma_{ij}-\upsilon\sigma_{kk}S_{ij}] \tag{6.26}$$

微裂纹体偏应力和偏应变的关系为

$$\varepsilon_{ij}^{c} = \frac{64\pi(1-\upsilon)}{15(2-\upsilon)G}[2(5-\nu)]N_0\bar{c}^3S_{ij} \tag{6.27}$$

裂纹体的偏应变 e_{ij}^{c} 与偏应力 S_{ij} 之间的关系为

$$e_{ij}^{c} = \beta c^3 S_{ij} \tag{6.28}$$

式中，在拉伸张开状态下，$\beta = \dfrac{64\pi(1-\upsilon)[2(5-\upsilon)]N_0}{15(2-\upsilon)G}$；在压缩闭合状态下，

$\beta = \dfrac{128\pi}{5G}\dfrac{1-\upsilon}{2-\upsilon}N_0\bar{c}^3$。

其关系为

$$2G\beta = AN_0 = \frac{1}{a^3} \tag{6.29}$$

式中，a 为模型初始参数。

$$2G_{\text{total}}e_{ij}^{c} = \left(\frac{c}{a}\right)^3 S_{ij} \tag{6.30}$$

$$\dot{S}_{ij} = \frac{2G_{\text{total}}\dot{e}_{ij} - \sum_{n=1}^{N}\dfrac{S_{ij}^{(n)}}{\tau^{(n)}} - 3\dfrac{1}{a}\left(\dfrac{c}{a}\right)^3 cS_{ij}}{1 + \left(\dfrac{c}{a}\right)^3} \tag{6.31}$$

4. 微裂纹扩展准则

根据脆性材料的动态断裂理论[9, 10]，当微裂纹尖端的能量释放率超过临界能量释放率时，微裂纹就会失稳扩展，扩展速度接近瑞利波速，其扩展机制是动态失稳扩展机制；当微裂纹尖端的能量释放率小于临界能量释放率时，微裂纹会发生演化扩展，此时的扩展机制是热激活耗散机制。

为了描述微裂纹的演化扩张，以 Dienes 等[11]的工作为基础，假设微裂纹增长速率与应力强度因子相关。Freund 认为，在高应力时，裂纹尖端扩展速度接近瑞利波速，其扩展机制是动态失稳扩展机制。

微裂纹尺寸演化扩展速度的经验公式为

$$\dot{c} = v_R \left(\frac{K}{K_1}\right)^m \quad (K < K_0\sqrt{1+\frac{2}{m}}) \qquad (6.32)$$

$$\dot{c} = v_R \left[1 - \left(\frac{K_0}{K}\right)^2\right] \quad (K \geqslant K_0\sqrt{1+\frac{2}{m}}) \qquad (6.33)$$

式中，$K' = K_0\sqrt{1+\frac{2}{m}}$；$K_1 = K_0\sqrt{1+\frac{2}{m}}\left(1+\frac{2}{m}\right)^{\frac{1}{m}}$；$v_R$ 为瑞利波速，工程上常近似取

为 300 m/s。

在压缩情况下，等效应力强度因子[11, 12]为

$$K = \sqrt{\pi c}\sigma = \sqrt{\frac{3}{2}\pi\overline{c}S_{ij}S_{ij}} \qquad (6.34)$$

6.4　PBX 炸药的损伤本构关系

由图 6.1 可知，广义麦克斯韦模型的偏应力和微裂纹体的偏应力相等；根据应变率叠加原理，可知

$$\dot{e}_{ij} = \dot{e}_{ij}^v + \dot{e}_{ij}^c \qquad (6.35)$$

$$\dot{e}_{ij} = \dot{e}_{ij}^v + \dot{e}_{ij}^c = \frac{\dot{S}_{ij} + \sum_{n=1}^{N}\dfrac{S_{ij}^{(n)}}{\tau^{(n)}}}{2G_{total}} + \frac{1}{2G_{total}}\left[\left(\frac{c}{a}\right)^3\dot{S}_{ij} + 3\frac{1}{a}\left(\frac{c}{a}\right)^3\dot{c}S_{ij}\right] \qquad (6.36)$$

由式（6.36）可以得到损伤模型的偏应力率与偏应变率之间的关系：

$$\dot{S}_{ij} = \frac{2G_{total}\dot{e}_{ij} - \sum_{n=1}^{N}\dfrac{S_{ij}^{(n)}}{\tau^{(n)}} - 3\dfrac{1}{a}\left(\dfrac{c}{a}\right)^3\dot{c}S_{ij}}{1 + \left(\dfrac{c}{a}\right)^3} \qquad (6.37)$$

每个麦克斯韦体元的偏应力率，可由下式得到：

$$
\begin{aligned}
\dot{\boldsymbol{S}}_{ij}^{(n)} &= 2G^{(n)}(\dot{\boldsymbol{e}}_{ij} - \dot{\boldsymbol{e}}_{ij}^{\mathrm{c}}) - \frac{\boldsymbol{S}_{ij}^{(n)}}{\tau^{(n)}} \\
&= 2G^{(n)}\left(\dot{\boldsymbol{e}}_{ij} - \frac{1}{2G_{\mathrm{total}}}\left[\left(\frac{c}{a}\right)^3 \dot{\boldsymbol{S}}_{ij} + 3\frac{1}{a}\left(\frac{c}{a}\right)^3 \dot{c}\boldsymbol{S}_{ij}\right]\right) - \frac{\boldsymbol{S}_{ij}^{(n)}}{\tau^{(n)}} \\
&= 2G^{(n)}\dot{\boldsymbol{e}}_{ij} - \frac{\boldsymbol{S}_{ij}^{(n)}}{\tau^{(n)}} - \frac{G^{(n)}}{G_{\mathrm{total}}}\left[\left(\frac{c}{a}\right)^3 \dot{\boldsymbol{S}}_{ij} + 3\frac{1}{a}\left(\frac{c}{a}\right)^3 \dot{c}\boldsymbol{S}_{ij}\right]
\end{aligned}
\tag{6.38}
$$

6.5　本构关系的数值分析及实现

6.5.1　子程序 VUMAT

ABAQUS 用户子程序多种多样，VUMAT 也是其中一种，这种子程序多用于动态显式计算过程。VUMAT 是常见的用于定义材料本构关系的模块之一，VUMAT 的使用可以参考 ABAQUS 说明文档，其中对各个参量都做了解释说明。通过 VUMAT 计算流程图主程序的调用，根据主程序传递过来的各已知量计算当前时间的应力状态。子程序在每一时间步长内，通过上一时刻的已知应力或应变增量计算下一时刻的应力，计算流程图如图 6.3 所示。

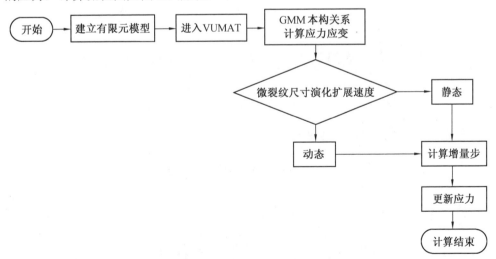

图 6.3　损伤模型的 VUMAT 计算流程图

6.5.2　损伤模型数值分析

要求解广义麦克斯韦体的本构关系

$$\dot{\boldsymbol{S}}_{ij} = \sum_{n=1}^{N} \left(2G^{(n)} \dot{\boldsymbol{e}}_{ij}^{\mathrm{v}} - \frac{\boldsymbol{S}_{ij}^{(n)}}{\tau^{(n)}} \right) \qquad (6.39)$$

只需求解广义麦克斯韦体中，第 n 个麦克斯韦单元的本构关系：

$$\dot{\boldsymbol{S}}_{ij}^{(n)} = 2G^{(n)} \dot{\boldsymbol{e}}_{ij}^{\mathrm{v}} - \frac{\boldsymbol{S}_{ij}^{(n)}}{\tau^{(n)}} \qquad (6.40)$$

然后对 n 个单元的应力值进行求和运算即可。

直接对常微分方程构造单步具有四阶精度的 Runge-Kutta 格式：

$$\boldsymbol{S}_{ij}^{(n)}(t+\Delta t) = \boldsymbol{S}_{ij}^{(n)}(t) + \frac{1}{6}(K_1 + 2K_2 + 2K_3 + K_4) \qquad (6.41)$$

式中，$K_1 = 2G^{(n)} \dot{\boldsymbol{e}}_{ij}^{\mathrm{v}} - \dfrac{\boldsymbol{S}_{ij}^{(n)}(t)}{\tau^{(n)}}$；$K_2 = 2G^{(n)} \dot{\boldsymbol{e}}_{ij}^{\mathrm{v}} - \dfrac{\boldsymbol{S}_{ij}^{(n)}(t) + \dfrac{1}{2}\Delta t K_1}{\tau^{(n)}}$；$K_3 = 2G^{(n)} \dot{\boldsymbol{e}}_{ij}^{\mathrm{v}} - \dfrac{\boldsymbol{S}_{ij}^{(n)}(t) + \dfrac{1}{2}\Delta t K_2}{\tau^{(n)}}$；

$$K_4 = 2G^{(n)} \dot{\boldsymbol{e}}_{ij}^{\mathrm{v}} - \frac{\boldsymbol{S}_{ij}^{(n)}(t) + \dfrac{1}{2}\Delta t K_3}{\tau^{(n)}}。$$

此时无须计算出 $t+\Delta t$ 时刻的应力值 $\boldsymbol{S}_{ij}^{(n)}(t+\Delta t)$，由式直接可得偏应力增量

$$\Delta \boldsymbol{S}_{ij}^{(n)} = \boldsymbol{S}_{ij}^{(n)}(t+\Delta t) - \boldsymbol{S}_{ij}^{(n)}(t) = \frac{1}{6}(K_1 + 2K_2 + 2K_3 + K_4) \qquad (6.42)$$

广义麦克斯韦体的偏应力增量即为

$$\Delta \boldsymbol{S}_{ij} = \sum_{n=1}^{N} \Delta \boldsymbol{S}_{ij}^{(n)} \qquad (6.43)$$

将式（6.37）代入式（6.38）中可得

$$\dot{\boldsymbol{S}}_{ij}^{(n)} = (2G^{(n)} - \lambda)\dot{\boldsymbol{e}}_{ij} - \frac{\boldsymbol{S}_{ij}^{(n)}}{\tau^{(n)}} + \frac{\xi}{2G_{\mathrm{total}}} \sum_{n=1}^{N} \frac{\boldsymbol{S}_{ij}^{(n)}}{\tau^{(n)}} + \left(\frac{\xi}{2G_{\mathrm{total}}} + 1 \right) 3 \frac{1}{a} \left(\frac{c}{a} \right)^2 \dot{c} \dot{\boldsymbol{S}}_{ij} \qquad (6.44)$$

式中，$\xi = \dfrac{c^3}{a^3 + c^3}$；$\lambda = \xi\left(\dfrac{c}{a}\right)^3$。

由式（6.44）可以得到 n 个微分方程组，利用上面介绍的四阶精度的 Runge-Kutta 可以计算其中的偏应力。

式（6.34）中 K 和 Von Mises 等效应力之间的关系为

$$K^2 = \frac{3}{2}\pi c \boldsymbol{S}_{ij}\boldsymbol{S}_{ij} \tag{6.45}$$

6.6　损伤模型的应用

6.6.1　PBX 炸药的基本模型参数

利用 Visco-SCRAM 模型进行数值模拟时，需要选取 5 个麦克斯韦单元并联，再与微裂纹损伤体串联耦合。因为研究 PBX 炸药在高应变率的损伤本构，所以松弛时间主要集中于 $10^{-8} \sim 10^{-4}$ s 范围内，根据第 3 章 PBX 炸药的主松弛模量曲线图可拟合得到 PBX 炸药的松弛模量和松弛时间。表 6.1 给出了 PBX 炸药的松弛模量和松弛时间；表 6.2 给出了 PBX 炸药在损伤模型中的参数，其中裂纹扩展速度 v 为瑞利波速，工程上常用 300 m/s。裂纹体元的断裂韧性 K、a 和 m 参考 PBX9501 的参数，见参考文献[11, 12]。c 为 PBX 炸药中初始微裂纹的平均半径，通过 SEM 扫描电镜随机测量 PBX 炸药中初始微裂纹的半径，最后平均所得。

表 6.1　PBX 炸药的剪切模量和松弛时间

参数	1	2	3	4	5
G/MPa	43.5	130	227	172	36
τ_i / s	7.5×10^{-7}	7.5×10^{-6}	7.5×10^{-5}	7.5×10^{-4}	0

表 6.2　PBX 炸药的裂纹参数

v	m	a/m	c/m	v/(m·s⁻¹)	K/(Pa·m¹ᐟ²)
0.49	10	0.001	0.000 008	300	5×10^5

6. 6. 2　数值模拟结果

1. 验证 PBX 炸药的动态损伤力学行为

模拟实验中，入射杆和透射杆的直径为 20 mm，长度为 1 500 mm，试件的直径为 16 mm，厚度为 4 mm。建立三维有限元模型，如图 6.4 所示，所用单元均是 8 节点实体单元并进行单元划分。铝杆采用弹性材料模型，密度为 2 700 kg/m³，杨氏模量为 73 GPa，泊松比为 0.3。

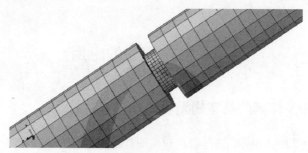

图 6.4　SHPB 动态压缩有限元模型

为了保证 SHPB 动态压缩的要求，在三维模型中施加了必要的边界条件，为了保证压杆和试件可以沿轴线方向自由无约束地运动，压杆和试件之间的接触为硬接触，光滑无摩擦。图 6.5 所示为加载入射波的幅值变化。

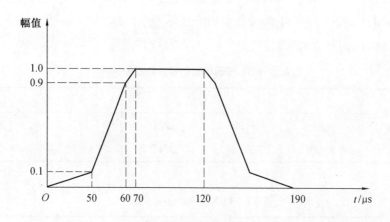

图 6.5　入射波

图 6.6 所示为不同幅值入射波加载,利用广义黏弹性统计裂纹损伤本构模型得到 PBX 炸药在不同应变率下应力-应变曲线,应变率分别为 891 s^{-1}、1 298 s^{-1} 和 2 000 s^{-1},其中实验数据为第 2 章中 PBX 炸药的动态应力-应变曲线,理论数据为所建立的损伤本构关系通过 ABAQUS 子程序模拟获得。由图 6.6 可知,在相同应变率下数值模拟结果和实验结果完全吻合,证明所建立的损伤本构模型能够模拟 PBX 炸药的动态压缩力学性能。

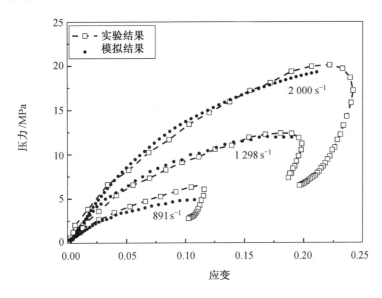

图 6.6　PBX 炸药动态压缩应力-应变数值模拟结果与实验数据的对照

在 PBX 炸药的 SHPB 动态压缩实验中,入射波有效加载脉冲为 120 μs,当应变率为 2 330 s^{-1} 时,试件产生了宏观损伤,并且应力大于 21 MPa 后下降,证明 PBX 炸药失去了承载能力。如图 6.7 所示,应变率大于 2 000 s^{-1},其中应变率 2 330 s^{-1} 时,数值模量获得理论曲线与实验曲线进行了对照,发现能够完全吻合在一起,证明 PBX 炸药失去承载能力,该损伤本构关系也适合,可以看出当应力大于 21 MPa 时,PBX 炸药随着应变的增加应力减小。当应变率为 2 700 s^{-1} 和 3 200 s^{-1} 时,数值模拟得到 PBX 炸药的应力强度约为 27 MPa 和 32 MPa,在 PBX 炸药的 SHPB 动态压缩实验中也得到了验证,进一步证明所建立的损伤本构模型能够模拟 PBX 炸药的动态压缩力学性能。

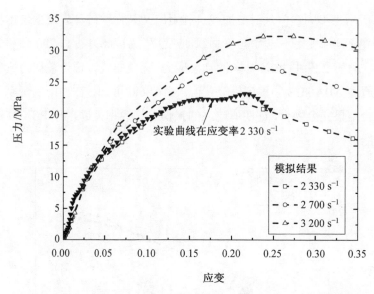

图 6.7　PBX 炸药动态压缩应力-应变数值模拟结果与实验数据的对照

2. 验证低速冲击损伤实验

低速冲击载荷作用下的 PBX 炸药的损伤有限元模型，通过 ABAQUS 前处理程序生成三维有限元网格模型，如图 6.8 所示，所用单元均是 8 节点实体单元。子弹尺寸：直径为 20 mm，长度为 60 mm；传力柱尺寸：直径为 30 mm，长度为 130 mm；炸药尺寸：直径为 20 mm，长度为 5 mm；套筒尺寸：外径为 70 mm，内径为 20 mm，长度为 50 mm；击杆尺寸：直径为 50 mm，长度为 130 mm；底座尺寸：直径为 130 mm；厚度为 30 mm。子弹、传力杆、套筒、击杆和底座均采用的是弹性材料模型，密度为 7 800 kg/m^3，弹性模量为 210 GPa，泊松比为 0.3。

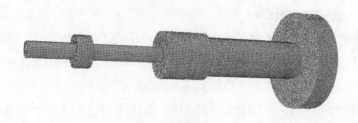

图 6.8　三轴冲击损伤实验有限元网格划分

利用上面所建的有限元模型对冲击加载过程进行计算，如图 6.9 所示，数值模拟加载实验输出应力历程曲线、实验曲线由 5.2.3 节获得，数值模拟结果和实验结果能够吻合，证明了所建立的细观损伤本构关系的正确性。图 6.10 所示为利用数值模拟得到 PBX 炸药在三轴冲击损伤测试中不同子弹长度和不同冲击速度下的最大应力值，数值模拟结果和实验结果能够吻合，验证了所建立的损伤本构关系的正确性。

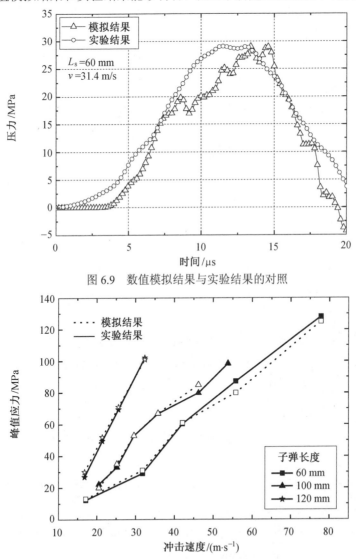

图 6.9　数值模拟结果与实验结果的对照

图 6.10　数值模拟最大值应力与实验结果的对照

6.7 本章小结

本章应用广义能量释放率建立了微裂纹的稳定扩展准则和失稳扩展准则，并结合动态断裂理论中微裂纹扩展的速度公式建立了微裂纹的损伤演化方程，通过统计积分建立了微裂纹体元的损伤模型。最后通过利用应变率叠加原理，将广义麦克斯韦模型和微裂纹体串联耦合起来，给出了损伤模型。

本章还基于 ABAQUS 有限元软件，编写了子程序 VUMAT，对 ABAQUS 进行了二次开发。利用损伤模型模拟了 PBX 炸药的 SHPB 动态压缩和三轴冲击损伤实验，验证了所建立的损伤模型的有效性。

本章参考文献

[1] LEE H K, SIMUNOVIĆ S, SHIN D K. A computational approach for prediction of the damage evolution and crushing behavior of chopped random fiber composites [J]. Computational materials science, 2004, 29(4): 459-474.

[2] RAJENDRAN A, GROVE D. Modeling the shock response of silicon carbide, boron carbide and titanium diboride [J]. International journal of impact engineering, 1996, 18(6): 611-631.

[3] LU Y, XU K. Modelling of dynamic behaviour of concrete materials under blast loading [J]. International journal of solids structures, 2004, 41(1): 131-143.

[4] CURRAN D, SEAMAN L. High-Pressure Shock Compression of Solids II [M]. Berlin: Springer. 1996.

[5] KRAJCINOVIC D. Damage mechanics [J]. Mechanics of materials, 1989, 8(89): 117-197.

[6] KACHANOV M. Elastic Solids with Many Cracks and Related Problems [J]. Advances in applied mechanics, 1993, 30: 259-445.

[7] ADDESSIO F L, JOHNSON J N. A constitutive model for the dynamic response of brittle materials [J]. Journal of applied physics, 1990, 67(7): 3275-3286.

[8] KACHANOV M. Elastic solids with many cracks and related problems [J]. Advances in applied mechanics, 1993, 30(C): 259-445.

[9] 刘再华. 工程断裂动力学 [M]. 武汉：华中理工大学出版社, 1996.

[10] FREUND L B. Dynamic fracture mechanics [M]. Cambridge: Cambridge University Press, 1990.

[11] DIENES J, ZUO Q, KERSHNER J. Impact initiation of explosives and propellants via statistical crack mechanics [J]. Journal mechanics and physics of solids, 2006, 54(6): 1237-1275.

[12] HACKETT R M, BENNETT J G. An implicit finite element material model for energetic particulate composite materials [J]. Intternational journal for numerical methods in enginring 2000, 49(9): 1191-1209.

第7章 PBX 炸药冲击起爆性能实验研究技术

7.1 引　言

在各种冲击载荷作用下炸药中的冲击波转变为爆轰的机理是炸药起爆性能和安全性能的核心问题,也一直是爆轰研究领域的一个研究热点。炸药的冲击起爆(Shock to Detoncition Transition,SDT)过程相当复杂,对其认识随着研究的不断深入而逐渐明确。随着含能材料应用的日益广泛,对炸药 SDT 过程的实验研究也变得愈加重要。研究炸药冲击起爆过程的实验方法很多,如隔板实验、落锤撞击实验[1]、Susan 实验[2]、Steven 实验及改进 Steven 实验,其中隔板实验是一种常用的经典的实验方法。该方法有两种类型:一种是小尺寸隔板实验,药柱直径不超过 10 mm,并有金属套约束;另一种为大尺寸隔板实验,药柱直径大于 10 mm,不加金属套筒。

隔板实验的原理:采用雷管起爆主发药柱后形成爆轰波,爆轰波通过隔板衰减后对待测试的被发炸药柱样品进行加载,调整入射波强度使其发生爆轰或不爆轰。实验样品是否爆轰,可由软钢见证板上是否有凹坑或冲孔来判断。通常隔板有多层薄片组成,可以通过调整隔板厚度而改变入射到被测炸药柱上的冲击波压力的大小。对某种炸药装药来说,炸药起爆或不起爆存在随机性,为获得准确的临界起爆压力或临界隔板厚度,在实验中用升降法调整隔板厚度,使实验炸药发生爆轰或者不爆轰。发生爆轰概率为 50%的隔板厚度称为临界或阈值隔板厚度,对应阈值隔板厚度的输入冲击波压力称为临界起爆压力。

7.2 隔板实验装置及测试系统

7.2.1 隔板实验装置

冲击起爆实验采用大隔板实验方式,实验装置由雷管、传爆药柱,主发炸药柱、铝隔板和待测炸药等组成。实验采用电测法与见证板相结合的方式对起爆或未被起爆进行检验。起爆性能参数通过传感器和探针进行记录，其中用锰铜压阻传感器测量实验样品药柱与隔板界面处的压力，获取输入冲击波压力。炸药冲击起爆隔板实验装置示意图如图 7.1 所示。

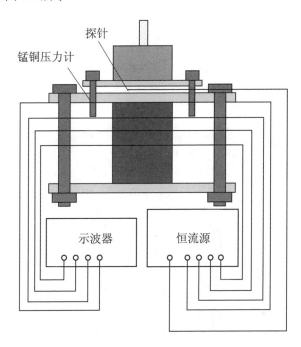

图 7.1　炸药冲击起爆隔板实验装置示意图

起爆过程：当引爆电雷管时，通过平面波发生器产生平面正冲击波将主发炸药 TNT 引爆，从而产生强大的冲击波，冲击波通过隔板进行衰减后作用于待测炸药，将待测炸药引爆。在待测炸药由点火增长到爆轰的过程中，不同位置的锰铜压力传感器将获取待测位置的压力信号。

当隔板厚度小于一定值时，被测炸药柱将被起爆，反之隔板厚度大于该值时被测炸药则不起爆。被测炸药爆与不爆可由见证板及电探针是否触发来判断，如见证板上出现明显凹坑则判断为待测炸药柱爆轰，否则判定为未爆轰。隔板厚度应当采用《火药实验方法》中介绍的升降法来调整，临界起爆隔板厚度是根据测试结果按统计方法计算获取的。

图 7.2 所示为隔板实验装置实物。实验中隔板、见证板均采用铝板，隔板和见证板之间通过螺栓将待测药柱固定。隔板由不同厚度的铝板叠加组成，其中铝板设计为 1 mm、2 mm 和 3 mm 三种厚度，可以通过增加或减少铝板的个数以及改变铝板的组合方式来调整隔板的厚度。隔板与主发炸药 TNT 之间设计了一层空气隙，该空气隙一方面为放置触发探针提供空间，另一方面通过调节该空气隙的高度也可以增强或衰减冲击波，从而起到类似隔板的作用。为了便于在被测炸药柱中嵌入锰铜压阻传感器，将被测药柱设计为 3 mm、4 mm、6 mm 和 40 mm 四种厚度，通过不同的厚度叠加，便可测得待测位置的压力信号。

图 7.2　隔板实验装置实物

MH4E 型高速同步脉冲恒流源是 H 型或双 Π 型等低阻值锰铜压阻传感器的专用供电装备。在瞬态高压测量中，脉冲恒流源供电时刻与压力模拟信号出现时刻必须同步。此仪器具有可靠的快速同步性能，为锰铜压阻法测压系统提供了基本的正常运行条件，且各恒流源通道之间无串扰。脉冲宽度的设置必须合理，若脉冲宽度太长则容易将锰铜压阻传感器烧坏，太短则可能脉冲结束时冲击波还未到达锰铜压阻传感器的位置，从而导致测不到信号或测得的信号不完整。实验中设置脉冲宽度为 200 ms。为了保证脉冲恒流源触发的可靠性，设计了铝制圆形触发探针，如图 7.3 所示。

图 7.3　铝制圆形触发探针

7.2.2　实验用 H 型锰铜压阻传感器

由于压阻材料的组分和性质每批都存在细微差异，相应的压阻系数也有些不同，所以每批传感器的压阻系数必须抽样标定。标定的方法是采用同轴探针技术测定在飞片撞击下靶板中的冲击波波速和自由表面速度，并同时测量锰铜压阻传感器的输入电压变化 $\Delta U / U_0$，改变靶板材料和飞片速度，取得一组压力 P 与电压 $\Delta U / U_0$ 变化的对应关系。通过多次实验，获得多组不同撞击压力数据，对实验数据进行分析处理，即可确定该批传感器的压力与电阻变化，P 与 $\Delta U / U_0$ 的对应关系式即为传感器的压阻系数。

实验中采用的 H 型锰铜压阻传感器如图 7.4 所示，传感器电阻 R_0 为 $0.1 \sim 0.2\ \Omega$，其电阻与压强信号标定后的关系式为

$$p = 0.763\,6 + 34.628\frac{\Delta R}{R_0} + 6.007\,6\left(\frac{\Delta R}{R_0}\right)^2 \tag{7.1}$$

式中，p 为压力；$\Delta R / R_0 = \Delta U / U_0$，爆轰冲击波作用下，传感器电阻 R_0 由于锰铜材料的压阻效应将产生一个增量 ΔR，U_0 表示探针触发后但冲击波还未到达相应传感器位置时示波器所显示的电压，ΔU 表示炸药的爆轰到达测试位置时锰铜压阻传感器由于压阻效应引起的电压增量。

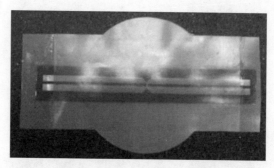

图 7.4 封装后的锰铜传感器

锰铜压阻法测试系统的配置与调试过程中需要注意若干问题：

（1）必须了解被测对象的性质及其测量环境，合理地确定测点数量与位置，并配置相应通道数的低压力量程锰铜压阻法测试系统。

（2）被测压力或应力水平多大。

（3）压阻计如何封装，怎么埋入试件，绝缘层或缓冲层多厚，压阻信号怎么引出。

（4）选用何种结构的压阻计，是箔状的还是结构型的，一次性使用还是多次重复使用。

（5）应力仪的增益和频宽等性能参数能否满足测量的需要。

（6）数字存储记录仪器的采用速率与记录长度等性能参数能否满足测量的需要。

（7）必须正确地选择系统的同步触发方式、触发信号源、触发型号极性、触发型号幅度和触发位置等。

（8）务必注意电缆的选配。

①当压阻计与应力仪之间的电缆长度小于等于 5 m 时，可选用 SYV-50-3-1 型同轴电缆，或选用 SYV-50-7.1 型同轴电缆。

②当应力仪与记录仪之间的电缆长度大于 10 m 时，只能选用 SYV-50-7.1 型同轴电缆；若误用 SYV-50-3-1 型同轴电缆，电缆传输损耗太大，则峰值压力测量误差较大，如 5%～10%。

③当测量脉宽为微秒量级的冲击波压力时，连接压阻计、应力仪和记录仪的同轴电缆必须匹配。

④若选用 50 Ω压阻计测压，连接在压阻计与应力仪之间的电缆已经实现了阻抗匹配；若应力仪的输出阻抗为 50 Ω，连接在应力仪和记录仪之间的电缆也实现了阻抗匹配。

⑤若选用非 50 Ω压阻计测压，连接在压阻计与应力仪之间的电缆无法实现阻抗匹配，也就无法用于微秒量级脉宽的冲击波压力测量，只能用于毫秒量级脉宽的冲击波压力测量。

（9）在实验之前，需要编制该系统的操作程序。

（10）每组实验之前，必须用数字万用表检查电缆及其接插件等的连接情况，有故障必须查清并及时排除。

（11）在正式测量之前，必须完成全系统的调试。

（12）在正式测量之前，必须完成每个通道的系统增益测量。

（13）在正式测量之前，必须经过反复实验，使系统的同步触发可靠性接近 100%。

（14）在正式测量之前，必须进行系统温度稳定性和时间稳定性测试。

（15）每组实验之后，必须存储并读取每个通道的数字化压力模拟信号。

7.2.3　实验结果

共进行了 6 组实验，其中第 1 组实验为调试仪器，隔板厚度和传感器位置见表 7.1。

表 7.1　隔板厚度和起爆情况表　　　　　　　　　　　　　　　　mm

实验序号	隔板厚度	传感器位置	实验结果
1	22	0, 3, 6, 9	起爆
2	16	0, 3, 6, 9	起爆
3	30	0, 6, 9, 12	未起爆
4	20	0, 3, 9, 14	起爆
5	20	0, 6, 9, 15	起爆
6	20	0, 6, 9, 15	起爆

第 1 组实验药柱起爆但恒流源没有触发，其原因是开始针形探针设计不合理；第 2、3 组实验分别由于隔板太薄和太厚，药柱在开始就完全爆轰和产生熄爆。第 4、5、6 组获取的实验波形较为理想，故取该组波形为研究对象进行计算。图 7.5 所示为第 6 组实验中获得的实验波形。图 7.6 所示为实验回收见证板和隔板照片。

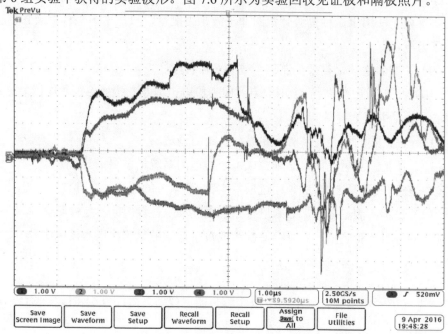

图 7.5　炸药加载的实验波形

图 7.6　实验回收见证板和隔板照片

7.3　拉格朗日分析方法

拉格朗日分析方法（简称拉式分析方法）是由 Fowles 和 Williams 等[3]提出的，主要用来研究分析材料对冲击加载的动态力学响应性态。它是通过嵌入材料内部不同拉格朗日位置处的传感器测得某力学量（如应力或压力、质点速度、应变或比容、温度）波形的变化，进而分析认识材料的动力学行为。由于这一方法在材料动态性能分析中具有新的思路和应用价值，因此受到人们的广泛关注，得到不断发展和完善。

在忽略热传导、体积力的条件下，拉式坐标系中一维平面波的基本守恒方程（质量守恒、动量守恒和能量守恒）为

$$\rho_0 \frac{\partial v}{\partial t} - \frac{\partial u}{\partial h} = 0 \tag{7.2}$$

$$\rho_0 \frac{\partial u}{\partial t} + \frac{\partial p}{\partial h} = 0 \tag{7.3}$$

$$\frac{\partial E}{\partial t} + \frac{p}{\rho_0} \frac{\partial u}{\partial h} = 0 \tag{7.4}$$

式中，ρ_0 为材料的初密度；v 为比容，$v = \dfrac{1}{\rho}$；u 为质点粒子的速度；p 为压强；E 为比内能；h 为拉式坐标；t 为时间。

若直接利用上面三个守恒方程，则需要沿等时线进行积分，会导致有效信息的丢失，从而产生较大误差。Grady[4]对 Fowles 拉式分析方法进行了重要改进，提出了路径线法（Path Line Method）。其主要目的在于将沿等时线的积分转化成沿径线和沿迹线的积分，即

$$\left(\frac{\partial \varphi}{\partial h} \right)_t = \left(\frac{\partial \varphi}{\partial h} \right)_j - \left(\frac{\partial \varphi}{\partial t} \right)_h \left(\frac{\partial t}{\partial h} \right)_j \tag{7.5}$$

下角标 j 表示某一力学量 φ 沿路径线取微商，下角标 h 表示沿粒子的迹线取微商。所谓路径线，如图 7.7 所示，是一种人为构造的、把各个拉式量计记录到的波

形的特征点及期间按等时线划分的各个对应点相互连接起来的曲线；迹线则指的是某一量计记录到的物理量随时间变化的一组曲线。

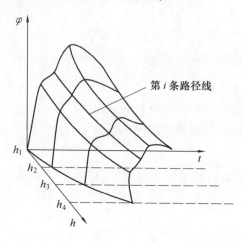

图 7.7　拉格朗日实验波形及路径线示意图

所以，对于某一确定的路径线 $j(h, t)$，当 h 一定时，j 和 t 有确定的对应关系，故可用 j 代替 t，而把各力学量 φ 表示为 φ (h, j)。即式（7.2）～（7.4）右边各偏导数皆可视为已知，从而可以求出偏导数 $\left(\dfrac{\partial \varphi}{\partial h}\right)_t$。

将式（7.5）代入守恒方程后，可将式（7.3）～（7.5）改写为

$$\rho_0 \frac{\partial v}{\partial t} - \left(\frac{\partial u}{\partial h}\right)_j + \left(\frac{\partial u}{\partial t}\right)_h \left(\frac{\partial t}{\partial h}\right)_j = 0 \tag{7.6}$$

$$\rho_0 \frac{\partial u}{\partial t} + \left(\frac{\partial p}{\partial h}\right)_j - \left(\frac{\partial p}{\partial t}\right)_h \left(\frac{\partial t}{\partial h}\right)_j = 0 \tag{7.7}$$

$$\rho_0 \frac{\partial E}{\partial t} + p \left[\left(\frac{\partial u}{\partial h}\right)_j - \left(\frac{\partial u}{\partial t}\right)_h \left(\frac{\partial t}{\partial h}\right)_j \right] = 0 \tag{7.8}$$

由于各个拉式量计的 $p(t)$ 波形是已知的，于是可由式（7.7）求出质速 $u(t)$，进而再利用式（7.6）和式（7.8）求得相对比容 $v(t)$ 和比内能 $E(t)$。

将上述基本方程写成积分形式：

$$u - u_1 = -\frac{1}{\rho_0} \int_{t_1}^{t} \left[\left(\frac{\partial p}{\partial h}\right)_j - \left(\frac{\partial p}{\partial t}\right)_h \left(\frac{\partial t}{\partial h}\right)_j \right] \mathrm{d}t \tag{7.9}$$

$$v - v_1 = \frac{1}{\rho_0} \int_{t_1}^{t} \left[\left(\frac{\partial u}{\partial h}\right)_j + \left(\frac{\partial u}{\partial t}\right)_h \left(\frac{\partial t}{\partial h}\right)_j \right] \mathrm{d}t \tag{7.10}$$

$$E - E_1 = -\frac{1}{\rho_0} \int_{t_1}^{t} \left[p(t) \left(\frac{\partial v}{\partial t}\right)_h \right] \mathrm{d}t \tag{7.11}$$

其中式（7.9）稍加变化可写成

$$u - u_1 = -\frac{1}{\rho_0} \int_{t_1}^{t_2} \left(\frac{\partial p}{\partial h}\right)_j \mathrm{d}t + \frac{1}{\rho_0} \int_{p_1}^{p_2} \left(\frac{\partial t}{\partial h}\right)_j \mathrm{d}p \tag{7.12}$$

由于该式中 $\left(\dfrac{\partial}{\partial h}\right)_j$ 是参量沿路径线的导数，所以可以用 $\left(\dfrac{\mathrm{d}}{\mathrm{d}h}\right)_j$ 代替，在 $\Delta j = j_2 - j_1$ 间隔内的积分可近似地用下式代替：

$$u_2 = u_1 - \frac{1}{2\rho_0} \left[\left(\frac{\mathrm{d}p}{\mathrm{d}h}\right)_2 + \left(\frac{\mathrm{d}p}{\mathrm{d}h}\right)_1 \right] (t_2 - t_1) + \frac{1}{2\rho_0} \left[\left(\frac{\mathrm{d}t}{\mathrm{d}h}\right)_2 + \left(\frac{\mathrm{d}t}{\mathrm{d}h}\right)_1 \right] (p_2 - p_1) \tag{7.13}$$

而 $\left(\dfrac{\mathrm{d}p}{\mathrm{d}h}\right)_j$ 的值在划分径线之后可直接从实验数据中得到。

同理也可以把式（7.9）、式（7.10）改写成类似式（7.13）的形式，进而转化为通用的差分形式

$$\bar{u}_{j+1,k} = \bar{u}_{j,k} - \frac{1}{2\rho_0} \left\{ \left[\frac{\mathrm{d}p_{j,k}}{\mathrm{d}h} + \frac{\mathrm{d}p_{j+1,k}}{\mathrm{d}h} \right] (\bar{t}_{j+1,k} - \bar{t}_{j,k}) - (\bar{p}_{j+1,k} - \bar{p}_{j,k}) \left[\frac{\mathrm{d}t_{j,k}}{\mathrm{d}h} + \frac{\mathrm{d}t_{j+1,k}}{\mathrm{d}h} \right] \right\} \tag{7.14}$$

$$\bar{v}_{j+1,k} = \bar{v}_{j,k} + \frac{1}{2\rho_0} \left\{ \left[\frac{\mathrm{d}\bar{u}_{j,k}}{\mathrm{d}h} + \frac{\mathrm{d}\bar{u}_{j+1,k}}{\mathrm{d}h} \right] (\bar{t}_{j+1,k} - \bar{t}_{j,k}) - (\bar{u}_{j+1,k} - \bar{u}_{j,k}) \left[\frac{\mathrm{d}t_{j,k}}{\mathrm{d}h} + \frac{\mathrm{d}t_{j+1,k}}{\mathrm{d}h} \right] \right\} \tag{7.15}$$

$$\overline{E}_{j+1,k} = \overline{E}_{j,k} - \frac{1}{2}\left\{\left[\overline{p}_{j+1,k}\frac{\mathrm{d}\overline{u}_{j+1,k}}{\mathrm{d}h} + \overline{p}_{j,k}\frac{\mathrm{d}\overline{u}_{j,k}}{\mathrm{d}h}\right](\overline{t}_{j+1,k} - \overline{t}_{j,k}) - \right.$$

$$\left.(\overline{u}_{j+1,k} - \overline{u}_{j,k})\left[\overline{p}_{j+1,k}\frac{\mathrm{d}t_{j,k}}{\mathrm{d}h} + \overline{p}_{j,k}\frac{\mathrm{d}t_{j+1,k}}{\mathrm{d}h}\right]\right\}$$

（7.16）

在上式中，上部加横线的变量值为格点值，而 $\dfrac{\mathrm{d}t_{j,k}}{\mathrm{d}h}$ 表示 $t_{j,k}$ 为 h 的函数，故不加横杠。j 为径线号，k 为传感器号。在测试记录到各拉式位置 h 处流场的 $p(t)$ 波形后，构造出径线就可用上面三式求得流场的 p、u、v 和 e 值。

7.4　爆轰流场物理量的求解

将压强-时间信号经过滤波处理之后便得到了较为清晰的曲线，结合上述路径线方法，在每条压强-时间曲线上提取 9 个特征点，重新拟合，得到拉式分析方法的原始数据。图 7.8 所示为提取的压强-时间曲线。

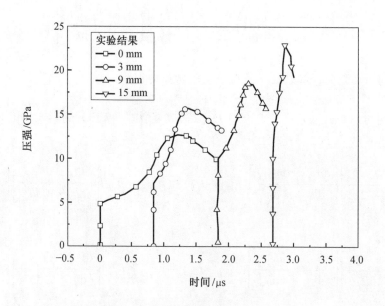

图 7.8　实验数据中提取的压强-时间曲线

图 7.8 中每条压强-时间曲线上的点均为其特征点，按照 7.3 节所述方法，构造出压强-时间曲线的路径线，并将时间 t 和压强 p 分别拟合成拉式位置坐标 h 的函数。由式（7.14）求解得到质速-时间曲线，如图 7.9 所示。

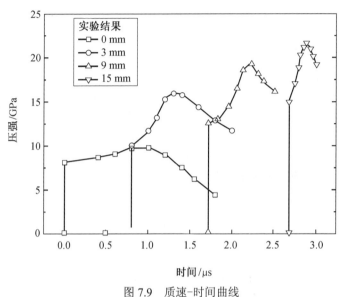

图 7.9　质速-时间曲线

同理，构造路径线，利用式（7.15）和式（7.16）可分别求出相对比容-时间曲线和比容能-时间曲线，如图 7.10 和图 7.11 所示。

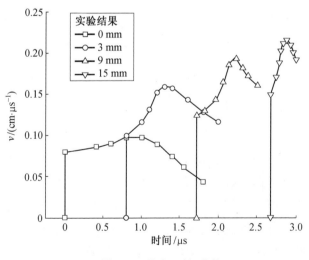

图 7.10　比容-时间曲线

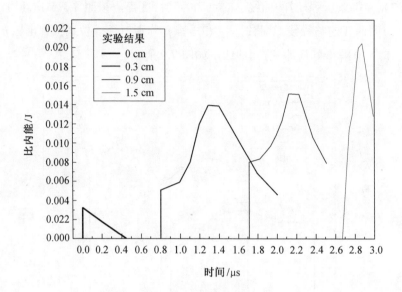

图 7.11　比内能-时间曲线

需要说明的是，每条曲线的第一个特征点默认为起始点，即各力学量为零的点（相对比容为 1），在计算时一般以起跳后的第一个点来进行计算。起跳的高度由冲击波阵面前后的三个守恒方程来计算，即质量守恒、动量守恒和能量守恒方程，具体关系式如下：

$$v_1 D = v_0 (D - u_1) \tag{7.17}$$

$$v_0 p_1 = D u_1 \tag{7.18}$$

$$e_1 - e_0 = \frac{1}{2} p_1 (v_0 - v_1) \tag{7.19}$$

由各个量计的压力波形起跳点的时间差可以测得冲击波波速 D，阵面压力 p_1 也可以从压力波形记录读出。这样，上面三个方程就可以确定冲击波阵面的其余参数。

反应度 λ 为定义的用来表征爆轰反应区反应进程的一个宏观的物理量。当 λ 为 0 时表示未反应；当 λ 为 1 时表示完全爆轰，即炸药完全变成爆轰产物。炸药发生爆轰反应时反应区内的物态是未反应炸药和爆轰产物的混合体，可以用它们的质量分数来度量反应度，所以反应度 λ 是一个介于 0 和 1 之间的量。

在利用路径线法由实验所得 $p(t)$ 曲线计算得到量计所覆盖的被冲击炸药中的流场，得到 p、u、v 和 e 等物理量之后，为了求得反应度 λ 还需要一个包含变量 λ 与上述所求的 p、u、v 和 e 等物理量之间关系的一组方程，即混合法则。此外，还包括描述炸药和产物在反应过程中的各物理量内在的关系式，即状态方程。

混合法则是假定的关系式，假定在爆轰反应区未反应炸药和反应产物以及混合状态的温度和压强相等，混合状态的比容与产物比容、未反应炸药的比容满足简单的按反应率叠加的关系，见式（7.20）～（7.22）。由于混合法则、JWL 状态方程和三项式点火增长方程具有很好的相容性，故本书中炸药和产物的状态方程均为 JWL 状态方程，具体表达式见式（7.23）、式（7.24）。

$$T_\mathrm{m} = T_\mathrm{s} = T_\mathrm{g} \tag{7.20}$$

$$p_\mathrm{m} = p_\mathrm{s} = p_\mathrm{g} \tag{7.21}$$

$$v_\mathrm{m} = \lambda v_\mathrm{g} + (1-\lambda)v_\mathrm{s} \tag{7.22}$$

$$p_\mathrm{s} = A_\mathrm{s} e^{-R_{1\mathrm{s}} v_\mathrm{s}} + B_\mathrm{s} e^{-R_{2\mathrm{s}} v_\mathrm{s}} + \frac{\omega_1 C_\mathrm{v} 1 T_\mathrm{s}}{v} \tag{7.23}$$

$$p_\mathrm{g} = A_\mathrm{g} e^{-R_{1\mathrm{g}} v_\mathrm{g}} + B_\mathrm{g} e^{-R_{2\mathrm{g}} v_\mathrm{g}} + \frac{\omega_2 C_\mathrm{v} 2 T_\mathrm{g}}{v} \tag{7.24}$$

式（7.20）～（7.22）表示混合法则，式（7.23）和式（7.24）分别表示炸药和产物的 JWL 状态方程。下标 m 表示混合状态，s 表示未反应状态，g 表示反应产物。此处的比容 v 均为相对比容。

炸药和产物的 JWL 状态方程中均包含 6 个参数，在使用状态方程之前需要标定其参数的具体值。对于未反应炸药的状态方程参数需要用冲击实验来进行标定，利用实验数据绘制出雨贡纽曲线，通过软件拟合出未反应炸药的状态方程参数。产物的状态方程由圆筒实验所测的数据来标定，圆筒实验测得圆筒筒壁位移-时间曲线后利用 LS-DYNA 进行数值模拟，不断调整状态方程参数，直到数值模拟结果与圆筒

实验结果误差小于 1%，即认为该参数就是所求的爆轰产物的状态方程参数。PBX
炸药和产物的 JWL 状态方程具体参数见表 7.2。

表 7.2　未反应和反应产物的 JWL 状态方程参数

未反应炸药（UNREACTED）				反应产物（PRODUCT）			
A_s	74.89	R_{2s}	1	A_g	3.71	R_{2g}	0.95
B_s	−0.035 7	ω_1	0.89	B_g	0.033	ω_2	0.36
R_{1s}	8.852	C_{v1}	1.12×10^{-5}	R_{1g}	4.16	C_{v2}	1×10^{-5}

在获得炸药和产物的状态方程参数后，便可求解式（7.20）～（7.24）组成的方
程组以求解反应度λ，或将式（7.22）变形为

$$\lambda_h(p) = \frac{v_h(p) - v_s(p)}{v_g(p) - v_s(p)} \tag{7.25}$$

式中，$\lambda_h(p)$ 为在某一 h 处爆轰产物的质量分数随压力的变化规律；$v_h(p)$ 为某一压
力下 h 处反应混合物的比容；$v_s(p)$ 为同一压力下炸药的比容。

图 7.12 所示为利用式（7.25）求得的反应度曲线。

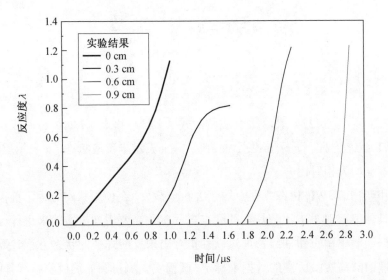

图 7.12　不同拉式位置处的反应度曲线

7.5　本章小结

本章采用隔板实验对 PBX 炸药的冲击起爆特性进行了研究，重点介绍了隔板实验装置及测试系统，详细介绍了拉格朗日分析方法的基本原理，相关内容如下：

（1）获得了该 PBX 炸药隔板实验中隔板的合理厚度为 15 mm，该 PBX 炸药的起爆压力大约为 5 GPa。

（2）详细介绍了拉格朗日分析方法的基本原理，并针对求解守恒方程时沿等时线积分会丢失重要信息的不足引入了路径线法，提高了计算结果的精度。

（3）利用差分法对积分形式的守恒方程进行了转化，并据此选用 MATLAB 语言进行了编程求解，得到了爆轰流场反应区的质速、比容和内能等物理量的数值解。

（4）通过单温模型混合法则引入了反应度，并建立起 PBX 炸药的未反应、反应区和反应产物三种状态下相应物理量之间的联系。通过求解此非线性方程组，获得了爆轰反应区的反应度时程曲线，进而得到了反应率曲线。

本章参考文献

[1] WU Y Q, HUANG F L. A microscopic model for predicting hot-spot ignition of granular energetic crystals in response to drop-weight impacts [J]. Mechanics of materials, 2011, 43(12): 835-852.

[2] INCULET I I, CASTLE G S P, WECKMAN E J, et al. Ignition studies of selected explosive mixtures of gases and dusts emitted from cement kilns [J]. Industry applications, IEEE transactions on, 1993, 29(1): 82-87.

[3] FOWLES R, WILLIAMS R F. Plane stress wave propagation in solids [J]. Journal applied physics, 1970, 41(1): 360-363.

[4] GRADY D E. Experimental analysis of spherical wave propagation [J]. Journal of geophysical research, part B: solid earth, 1973, 78(8): 1299-1307.